AMAZÔNIA:
TELEDETECÇÃO
E COLONIZAÇÃO

FUNDAÇÃO EDITORA DA UNESP

Presidente do Conselho Curador
Herman Jacobus Cornelis Voorwald

Diretor-Presidente
José Castilho Marques Neto

Editor-Executivo
Jézio Hernani Bomfim Gutierre

Conselho Editorial Acadêmico
Alberto Tsuyoshi Ikeda
Áureo Busetto
Célia Aparecida Ferreira Tolentino
Eda Maria Góes
Elisabete Maniglia
Elisabeth Criscuolo Urbinati
Ildeberto Muniz de Almeida
Maria de Lourdes Ortiz Gandini Baldan
Nilson Ghirardello
Vicente Pleitez

Editores-Assistentes
Anderson Nobara
Henrique Zanardi
Jorge Pereira Filho

AMAZÔNIA: TELEDETECÇÃO E COLONIZAÇÃO

MESSIAS MODESTO DOS PASSOS

Copyright © 1998 by Editora UNESP

Direitos de publicação reservados à:
Fundação Editora da UNESP (FEU)
Praça da Sé, 108
01001-900 – São Paulo – SP
Tel.: (0xx11) 3242-7171
Fax: (0xx11) 3242-7172
www.editoraunesp.com.br
www.livrariaunesp.com.br
feu@editora.unesp.br

Dados Internacionais de Catalogação na Publicação (CIP)
(Câmara Brasileira do Livro, SP, Brasil)

Passos, Messias Modesto dos
Amazônia : teledetecção e colonização / Messias Modesto dos Passos. –
São Paulo : Fundação Editora da UNESP, 1998. – (Prismas)

Bibliografia.
ISBN 85-7139-209-9

1. Amazônia – Colonização 2. Amazônia – Geografia 3. Mato Grosso
Colonização 4. Mato Grosso – Geografia 5. Satélites artificiais no
sensoriamento remoto 6. Sensoriamento remoto I. Título

98-3900   CDD-918.17200222

Índices para catálogo sistemático:
1. Amazônia Matogrossense : Colonização : Teledetecção aplicada :
   Geografia   918.17200222
2. Teledetecção aplicada : Amazônia Matogrossense : Colonização :
   Geografia   918.17200222

Este livro é publicado pelo
Projeto Edição de Textos de Docentes e Pós-Graduados da UNESP –
Pró-Reitoria de Pós-Graduação e Pesquisa da UNESP (PROPP)/
Fundação Editora da UNESP (FEU).

Editora afiliada:

*Ao João, meu irmão, que construiu
o seu lugar e partiu...,
sem tempo para ver e viver.*

SUMÁRIO

Apresentação 11

Introdução 15

1 FUNDAMENTOS DA TELEDETECÇÃO 21

1 Abordagem teórica da teledetecção 21

2 Princípios fundamentais da teledetecção 25

2.1 A radiação eletromagnética 25

2.2 Os principais domínios do espectro eletromagnético 27

2.3 As janelas atmosféricas 27

2.4 As interações radiação/matéria 29

3 A interpretação das imagens 30

3.1 Metodologia da interpretação 31

3.1.1 Parâmetros espectrais 31

3.1.2 Parâmetros espaciais 31

3.1.3 Tonalidade 33

4 Princípios gerais do tratamento de imagens 34

4.1 O que é uma imagem? 34

4.2 Falsa-cor 37

4.3 Modos de representação das imagens numéricas 37

4.3.1 Monocromo 37

4.3.2 Equidensidade colorida 37

4.3.3 Composição colorida 38

4.4 Os Índices de Vegetação: *Normalized Difference Vegetation Index* – NDVI 38

5 Características de alguns satélites e captores meteorológicos e de observação da Terra 40

6 A teledetecção aplicada à identificação dos elementos da paisagem 41

6.1 Vegetação 41

6.2 Geomorfologia 42

6.3 Relevo 42

6.4 Materiais rochosos 43

6.5 Influências estruturais 43

6.6 Formas de acumulação 44

2 AS TRANSFORMAÇÕES HISTÓRICAS DA PAISAGEM NA AMAZÔNIA MATOGROSSENSE 45

1 O processo de ocupação do Centro-Oeste e da Amazônia 47

1.1 As premissas 47

1.2 A borracha 48

1.3 A integração 50

1.4 A cobiça internacional 52

1.5 O nacionalismo 53

2 Construir o Brasil é marchar para o Oeste 56

2.1 As políticas favoráveis à expansão da fronteira 56

2.1.1 A noção de fronteira 56

2.2 O desmatamento 66

3 O povoamento do Centro-Oeste 69

3.1 O fluxo migratório 71

3.1.1 As zonas de povoamento no Estado de Mato Grosso 73

3.1.1.1 As zonas de antigas frentes pioneiras 74

3.1.1.2 As zonas de economias tradicionais 75

3.1.1.3 As fronteiras de povoamento 76

3.2 A colonização da Amazônia Matogrossense 82

3.2.1 As paisagens agrícolas de Mato Grosso do Sul, ao longo da BR-163 (entre Campo Grande – MS e Rondonópolis – MT) 93

3.2.2 Os garimpos de diamante na Bacia do Rio Coité (Poxoréu) 95

3.2.3 A Chapada dos Guimarães 96

3.2.4 O clímax biológico do "Pantanal Matogrossense" 98

3.2.5 As paisagens pecuárias das fazendas situadas nas cabeceiras dos rios Jauru e Guaporé 99

4 Abordagem cartográfica da colonização na Amazônia Matogrossense 100

4.1 A produção de soja 100

4.2 A cana-de-açúcar 102

4.3 A pecuária 104

3 O SUDOESTE DE MATO GROSSO 105

1 O Projeto PROBOR – Fazenda Guapé 117

2 A pecuária – Fazenda Barreirão 119

3 O Projeto de Reforma Agrária – Gleba Mirassolzinho 121

4 A IMAGEM "BRANCA" 129

1 A Fazenda Branca: um exemplo de colonização agrícola 129

2 A imagem "branca" 131

2.1 Estudo sobre os parâmetros espectrais 132

2.1.1 Os tratamentos simples 135

2.1.1.1 O reforço dos contrastes 135

2.1.2 As composições "não coloridas" 135

2.1.3 As composições coloridas qualificadas "positivas" 136

2.1.4 Contribuições do Quadro 6 139

2.1.5 Ensaio de classificação 141

2.2 Estudo sobre os parâmetros espaciais 141

5 CONSIDERAÇÕES FINAIS 143

Referências bibliográficas 149

Lista das figuras 153

Lista dos quadros 155

APRESENTAÇÃO

Há alguns anos desenvolvo pesquisas sobre *O processo de ocupação da Amazônia Matogrossense*, de forma mais dirigida à Região Guaporé-Jauru-sudoeste de Mato Grosso.

Dada a dimensão, a complexidade e, ao mesmo tempo, o sentido vago e genérico da expressão "Amazônia Legal", entendemos que, a partir do estudo de algumas áreas e de algumas temáticas, chegaremos a uma compreensão mais bem fundamentada sobre o processo de ocupação dessa imensa parcela do território brasileiro.

O envolvimento com a problemática amazônica, sobretudo com o processo de ocupação da Amazônia Matogrossense, levou-me a percorrer praticamente todo o Estado de Mato Grosso e grande parte dos estados de Rondônia, Acre e Pará.

Contudo, em razão das dimensões territoriais das regiões Centro-Oeste e Norte do Brasil, o viajar pelo pó colorido das estradas, apenas, não seria suficiente para a melhor compreensão da dinâmica da paisagem, na sua dimensão mais global.

Assim, partindo dos conhecimentos adquiridos ao longo dos trabalhos de campo, tomei a iniciativa de realizar (1992-1993) – com apoio da CAPES – o estágio, em nível de pós-doutorado, no Laboratoire Costel – Climat et Occupation du Sol par Télédétection de l'Université Rennes 2 – Haute Bretagne – Rennes – França.

Ao longo do estágio, priorizei dois objetivos:

- a capacitação no tratamento numérico das imagens magnéticas de satélite, objetivando o estudo das transformações históricas da paisagem, resultantes do processo de ocupação da Amazônia Matogrossense;
- aquisição e análise bibliográfica, necessária para a sustentação da temática *Teledetecção aplicada ao estudo da paisagem* – sudoeste de Mato Grosso, título de minha Tese de Livre-Docência.

Mato Grosso, situado quase ao centro da América do Sul, e que busca uma saída efetiva para o Pacífico (Peru?) e para o Atlântico (Santarém - PA?) é, ainda, uma zona de conquista territorial em direção da Amazônia. Vamos visualizar uma pequena parcela desse Estado que se encontra na Chapada dos Parecis.

Há muito tempo, a cartografia representa para os poderes públicos uma ferramenta indispensável para a gestão e a organização do território. O nosso objetivo é acompanhar a evolução da colonização da Amazônia Matogrossense, a partir da teledetecção aplicada. Reconhecemos que, para tal, a teledetecção apenas não será suficiente. O registro dos dados numéricos efetuados pelo Satélite LANDSAT 5 TM permite uma abordagem local das áreas de estudo, possibilitando discriminar as superfícies cultivadas e as culturas, desde que se disponha de outros suportes de informações.

Nesse estudo serão expostos, no primeiro capítulo, os "Fundamentos da teledetecção", com ênfase para a interpretação e a representação das imagens numéricas: equidensidade colorida, composição colorida e *Normalized Difference Vegetation Index* – NDVI; no segundo capítulo, "As transformações históricas da paisagem na Amazônia Matogrossense", reconhecemos o significado do processo histórico da ocupação do território e, sobretudo, como esse processo se materializa e se reflete na dinâmica paisagística, a partir da definição de zonas de economias tradicionais e de zonas de produção agrícola moderna, voltadas para o mercado internacional; no terceiro capítulo, "O sudoeste de Mato Grosso", apresentamos alguns exemplos de projetos de colonização, como os das fazendas Guapé (PROBOR), Barreirão (pecuária) e Gleba Mirassolzinho (Reforma Agrária); finalmente, no capítulo quatro, apresentamos a análise dos parâmetros espectrais e dos parâmetros espaciais da imagem LANDSAT 228.070C de 4 de julho de 1992, que cobre a área da Fazenda Branca, situada às margens da BR-364 (km 82) na Chapada dos Parecis, acompanhada de uma análise do processo de formação dessa fazenda que se mostra como um (mau) exemplo de colonização agropecuária.

INTRODUÇÃO

A título de Introdução, passo a expor a conjuntura recente que contribuiu para a valorização e a inserção da Amazônia Legal[1] no capitalismo industrial.

O Brasil, para canalizar e organizar os planos governamentais para a Amazônia, criou, em 1953, a Superintendência do Plano de Valorização Econômico da Amazônia (SPVEA).

O espaço brasileiro se define por uma grande diversidade regional, e parcela significativa ainda pode ser considerada *território de conquista*, sob os impactos da *marcha do capital para o campo*. O modelo de desenvolvimento adotado pelo Brasil propicia um conjunto de impactos socioambientais sobre esse território.

A solução desses problemas é uma tarefa difícil, pois eles se inserem num conjunto de questões correlatas, como a *crise econômica* (a recessão, o desemprego, a inflação, a dívida externa, a dívida interna etc.); a *crise social* (que é uma crise estrutural, gerando desigualdade, pobreza, marginalidade etc.) e a *crise moral* que atinge particularmente o poder público.

---

1 A *Amazônia Legal* é composta pela superfície total dos estados do Acre, Rondônia, Mato Grosso, Amazonas, Pará, Tocantins, Roraima e Amapá e a porção a oeste do meridiano 44° w do Estado do Maranhão. São aproximadamente 5 milhões de quilômetros quadrados (4.978.247 km^2), uma superfície que engloba 58% da área total do Brasil.

O Brasil é um dos poucos países do mundo onde se continua a integrar novos espaços ao preço do desrespeito às populações amazônicas, da marginalização de parcela significativa de sua população, e de uma transformação do espaço natural e rural. Esse fenômeno, acentuado pelos acasos da conjuntura, tendo de um lado a necessidade socioeconômica, e de outro, as consequências sobre o meio ambiente, dificulta o encontro de um modelo que seja socialmente justo e ambientalmente correto.

Apesar do significativo processo de colonização, dirigido tanto pelos poderes públicos como pela iniciativa privada, a marginalização dos pequenos proprietários e, sobretudo, dos trabalhadores rurais sem terra, progride. A repartição da propriedade da terra, fortemente marcada pelo passado, é desigual, particularmente nos estados de Roraima, Amapá, Mato Grosso e Mato Grosso do Sul.

Na verdade, a estratégia de desenvolvimento adotada no Brasil, divorciada da variável socioambiental, tem agravado o processo de degradação dos recursos naturais e da qualidade de vida, seja nas áreas urbanas, pela desordenada ocupação do solo motivada pela especulação imobiliária, pela deficiência de saneamento básico etc., seja na área rural, pela excessiva concentração da propriedade da terra e pelos incentivos a uma agricultura capitalista, orientada para a exportação, em detrimento de culturas alimentares.

A redefinição capitalista, a partir do golpe militar de 1964, instituiu uma política sustentada no binômio *segurança e desenvolvimento*. Então, para atrair o capital internacional, a fim de viabilizar a modernização da economia brasileira, os níveis de acumulação passaram a perseguir uma clara e acentuada tendência para a concentração e o monopólio – e isto, como constante dirigida a todas as formas: agricultura e indústria, bem como aos diferentes setores da economia. Sob tal ímpeto de diversificação, o capital se dirige à terra, no maior sentido de expansão espacial, buscando apoderar-se de áreas da *Amazônia Legal* e nelas atuar.

A história recente da inserção da *Amazônia Legal* no capital oligopolista – nacional e internacional – é detonada quando o então ministro do Planejamento, Roberto Campos, lança em 1965, a bordo do transatlântico *Rosa da Fonseca*, a *Operação Amazônia*.

A *Operação Amazônia* tinha como objetivo criar *polos de Desenvolvimento*, estimulando a imigração e a formação de grupos autossuficientes, proporcionando incentivos a investimentos privados, promovendo o desenvolvimento de infraestrutura e pesquisas sobre o potencial dos recursos naturais.

Existem muitas razões para a retomada da atividade federal na Amazônia, variando das humanitárias para as econômicas e geopolíticas.

Em 1970, o *projeto de modernização acelerada* proposto por Campos é redefinido e, com apelos ideológicos, é lançado o *Plano de Integração Nacional* (PIN), através do Decreto-Lei nº 1.106 que, com uma parcela de 30% de fundos de incentivos fiscais, financiaria uma estrada, a *Transamazônica* (BR-230), de 5 mil quilômetros!

O deslocamento de camponeses de áreas submetidas à "pressão demográfica" é oficializado e o discurso de *ligar o homem sem terra do Nordeste à terra sem homem da Amazônia* é posto em prática, de forma caótica e socialmente injusta.

Uma das modalidades de investimentos mais valorizadas – já na concepção da ocupação recente da Amazônia – foi a dos *Projetos Agropecuários*, os quais se definem com excessiva agressividade em relação aos recursos naturais e às populações amazônicas.

O *II Plano Nacional de Desenvolvimento*, implantado a partir de 1974, concebe o Brasil como um país que realiza um esforço concentrado para superar a barreira do subdesenvolvimento.

A alta dos preços do petróleo, verificada em 1973, atingiria o país em plena realização desse processo.

É bom lembrar que, durante a fase do chamado *milagre brasileiro*, ocorrido entre os anos de 1968 e 1973, o significativo crescimento do mercado interno permitiu grandes investimentos em projetos que, naquele momento, 1973-1974, se encontravam em fase embrionária ou já concluídos, portanto em condições de produção e de reinvestimentos dos lucros da "safra do milagre".

A fim de evitar a detonação de um processo recessivo, já em 1973 – a partir da crise do petróleo – priorizou-se, na elaboração das propostas do *II PND*, uma *aceleração da economia* sustentada no *crescimento com endividamento*, de modo a viabilizar os investimentos destinados a garantir o suprimento de produtos e matérias-primas, numa autossuficiência aberta ao fluxo de exportação, entre eles:

* produtos siderúrgicos e suas matérias-primas;
* produtos petroquímicos e suas matérias-primas;
* fertilizantes e suas matérias-primas;
* metais não ferrosos e suas matérias-primas;
* defensivos agrícolas e suas matérias-primas;
* papel e celulose;
* matérias-primas para a indústria farmacêutica;
* cimento, enxofre e outros minerais nao ferrosos.

Essa disposição, institucionalizada pelo *II PND*, tinha uma "lógica econômica, no sentido de sustentar a conjuntura, impedindo uma descontinuidade de consequências imprevisíveis; assegurar o espaço necessário à absorção do surto anterior de investimentos e, claro, modificar, a longo prazo, a estrutura produtiva", conforme observou Castro (1985, p.37).

Com a implantação das propostas contidas no *II PND*, "o espaço territorial brasileiro iria receber uma pressão, que fatalmente reforçaria a ampliação daquela faixa litorânea em direção ao grande vazio interior e estaria fadado à grande repercussão ambiental", conforme observou Monteiro (1981, p.35).

No governo do general Geisel (1974-1978) instituiu-se o POLAMAZÔNIA, como forma de facilitar, ainda mais, a entrada do capital oligopolista na região.

Para atrair grandes grupos econômicos a participarem de projetos na Região Norte, o governo oferecia grandes vantagens: terras em grande extensão, disponíveis e baratas, ao lado de financiamentos subsidiados e incentivos fiscais.

Existem muitos exemplos significativos e complexos que poderiam ser explicitados, a fim de se mostrar como o *modus faciendi* da política de ocupação da Amazônia se caracteriza por uma sequência de erros que resultam em injustiças sociais e na devastação dos recursos naturais.

O próprio Instituto Nacional de Colonização e Reforma Agrária (INCRA) altera os seus objetivos segundo o momento político, como, por exemplo, quando muda a *colonização social* de opção pelos camponeses mais pobres (1970-1974), para a *colonização comercial* caracterizada pela venda de terras a grandes fazendeiros (1975-1979).

O discurso do *II PND* (1974), em que está explicitado que o "objetivo e a opção nacional básica é a construção de uma sociedade desenvolvida, moderna, progressista e humana", deixando claro, no sexto e último item: "realizar o desenvolvimento sem deterioração da qualidade de vida e, em particular, sem devastação do patrimônio de recursos naturais do País", foi jogado na lata do lixo.

I FUNDAMENTOS DA TELEDETECÇÃO

I ABORDAGEM TEÓRICA DA TELEDETECÇÃO

O olho humano possui a capacidade de visualizar objetos que refletem dentro de faixa limitada do espectro eletromagnético. No entanto, a capacidade desse "aparelho" é limitada a uma visualização do meio imediato e não pode discernir os objetos a grande distância.

Para ter uma visão global e relativamente precisa do meio ambiente, o homem construiu instrumentos, entre eles os satélites, com poder de visualizar grandes superfícies, ver e observar o planeta inteiro.

A Teledetecção é a disciplina que agrupa o conjunto dos conhecimentos e das técnicas utilizadas para a observação, a análise, a interpretação e a gestão do meio ambiente, a partir de medidas e de imagens obtidas com a ajuda de plataformas aerotransportadas, espaciais, terrestres ou marítimas. Como seu nome indica, ela supõe a *aquisição de informação à distância, sem contacto direto com o objeto detectado*" (Bonn & Rochon, 1992).

A teledetecção, ou percepção a distância (*remote sensing*, em inglês), é

O conjunto de conhecimentos e técnicas utilizadas para determinar as características físicas e químicas de objetos por medidas efetuadas à distância, sem contacto material com os mesmos. A teledetecção eletromagnética é um tipo particular de teledetecção que utiliza a interação da radiação eletromagnética com a matéria. Este termo é para distinguir as técnicas aéreas de prospecção geofísica. (*Journal Officiel*, 20.10.1984, in Bariou, 1995)

A leitura dessa última definição impõe a necessidade de alguns esclarecimentos:

- *conjunto de conhecimentos e técnicas utilizadas*: a teledetecção não é apenas um conjunto de técnicas (meios de aquisição de dados e tratamentos de imagem); ela procede da compreensão e do conhecimento de bases teóricas das relações radiação/matéria, condições *sine qua non* de uma interpretação correta dos documentos.

- *determinar as características físicas e químicas de objetos*: o termo "de objetos" corresponde a uma porção mais ou menos importante da superfície terrestre; trata-se de conhecer a sua natureza e de analisar o seu estado. O objeto designa, pois, um objeto geográfico.

- *por medidas efetuadas à distância, sem contacto material...*: estas compreendem os meios de informações diferentes, fornecidas tanto por instrumentos a bordo de avião como por satélite. A fotografia aérea faz parte, pois, da teledetecção.

A teledetecção é uma das fontes de dados colocadas à disposição do pesquisador para desenvolver bem seus estudos temáticos. A pesquisa deve ser antes de tudo temática e o pesquisador conhecer bem o seu terreno de estudo, ter sólidos conhecimentos em teledetecção e em análise integrada da paisagem.

A teledetecção não é uma simples técnica, embora ela seja, frequentemente, confundida unicamente com "tratamento de imagem". Há uma confusão lamentável nos termos, pois que se trata de noções bem diferentes que requerem conhecimentos em três níveis:

- *Temático*: é o ponto essencial.

- *Teledetecção*: é uma das fontes de dados, cujo conhecimento das bases físicas (ou teóricas) é indispensável para o pesquisador.

- *Tratamento de imagem*.

Nesse momento faremos uma abordagem apenas da teledetecção.

A teledetecção moderna nasceu da fotografia aérea, cuja vista geral e vertical modelou nossos hábitos de inventário, de cartografia e de observação do meio ambiente e dos recursos, há mais de um século.

A teledetecção reagrupa o conjunto de técnicas capazes de fornecer, a distância, as informações relativas a um objeto utilizando o estudo da emissão e da reflexão da radiação eletromagnética no conjunto do espectro.

O rápido desenvolvimento das técnicas de teledetecção impõe-nos uma reflexão sobre esse assunto. Na verdade, os equipamentos tornam-se cada vez mais custosos e em número insuficiente. Os pesquisadores, entre eles os geógrafos, não têm acesso a estes equipamentos, senão durante oportunidades limitadas.

A teledetecção inova sob dois aspectos em relação aos métodos mais antigos de observação: *a escala tempo-espaço da percepção e a natureza mesma desta percepção*.

Quanto à escala têmporo-espacial da percepção da paisagem, os satélites fornecem uma informação praticamente sincrônica sobre extensas áreas e, ainda, têm a vantagem da repetitividade automática que, malgrado as numerosas lacunas resultantes da falta de transmissividade atmosférica ou da insuficiência de memória dos equipamentos de gravação a bordo dos satélites, permite a confrontação de situações diferentes e sincrônicas sobre grandes extensões.

A multiplicação de receptores aumenta a possibilidade de registrar frações de comprimento de ondas cada vez mais numerosas do espectro eletromagnético. Simultaneamente, as informações podem ser realizadas a partir de plataformas mais variadas. A resolução também se aperfeiçoa (SPOT – 10 m – em relação aos

LANDSAT – 30 m) e a estereoscopia já é possível com o SPOT. Assim, a quantidade e a variedade das informações geradas pelos satélites evoluem muito rapidamente.

Diante do grande número de informações disponíveis e do aumento da capacidade de percepção dos sensores a bordo de satélites, temos de concentrar os nossos esforços sobre aquelas que atendam melhor aos objetivos do estudo da paisagem.

O processo de avaliação da teledetecção depende da definição da *assinatura espectral.*[1] No início (1970), a assinatura espectral era "determinada" de maneira puramente visual e qualitativa, com as fotografias infravermelhas coloridas. Atualmente, ela é determinada quantitativamente, com medidas, em vista do tratamento numérico. Tais medidas servem ao estabelecimento, pelos físicos, de modelos de transmissividade atmosférica que permitem afinar a explotação quantitativa dos dados de teledetecção.

A avaliação das informações começa pela identificação dos objetos que compõem as paisagens. Pode-se ficar no nível da identificação descritiva/fisionômica dos objetos/elementos paisagísticos.

Ao lado da "precisão" científica das *assinaturas espectrais,* é necessário estarmos atentos à identificação empírica, mesmo que esta seja pouco satisfatória e imprecisa.

As evidências indiretas fornecidas pela teledetecção multiplicam-se com o progresso técnico e a diversificação dos sensores. Sua identificação e, consequentemente, sua utilização repousam sobre a abordagem sistêmica da paisagem. Essas evidências indiretas existem apenas na medida em que nós identificamos as interações entre os componentes da paisagem.

---

1 Medida quantitativa das propriedades espectrais de um objeto numa ou mais bandas espectrais. O processo de estabelecimento de classes de assinaturas espectrais deriva de dois conceitos fundamentais, ou hipóteses de base, que estão apenas parcialmente presentes na realidade: 1. *todos os objetos pertencentes a uma mesma classe se caracterizam por assinaturas idênticas;* 2. *todas as assinaturas de classes de objetos são distintas umas das outras.* As assinaturas espectrais dos objetos variam segundo as condições de filmagem, da estação do ano, das condições meteorológicas etc.

A aplicação da teledetecção ao estudo da paisagem requer o conhecimento de cada detalhe em si e, ainda, da integração dos elementos do meio natural.

Tais pesquisas devem se fundar especialmente sobre a óptica naturalista. Na verdade, a natureza das interações no interior das paisagens difere segundo os tipos de meios naturais. Será, pois, ilusório e incorreto querer estabelecer um tipo de catálogo de descrição das paisagens identificáveis sobre os diversos tipos de teledetecção.

É bom lembrar que o uso da teledetecção não é totalmente válido e eficaz senão quando inserido no conjunto dos nossos conhecimentos sobre a dinâmica da paisagem.

O satélite e seus receptores, como também seu sistema de transmissão de dados e as estações terrestres de recepção, representam uma grande realização técnica que oferece grandes possibilidades à pesquisa. Contudo, para que essas possibilidades sejam plenamente utilizadas, é preciso que os pesquisadores, entre eles os geógrafos, desenvolvam métodos que lhes permitam tirar proveito do arsenal técnico disponível.

2 PRINCÍPIOS FUNDAMENTAIS DA TELEDETECÇÃO

2.1 A radiação eletromagnética

A radiação eletromagnética é uma das formas de propagação da energia através do espaço ou de um material. Distingue-se a *emissão* da *radiação*, sua propagação e sua interação com a matéria (problema da absorção e da emissão).

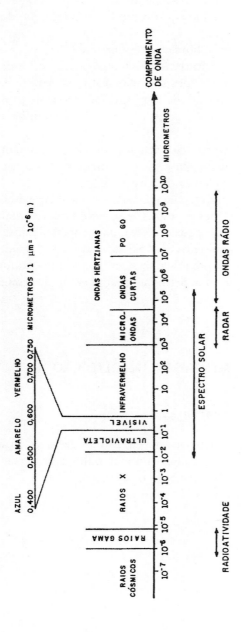

Fonte: Bariou, 1994.

FIGURA 1 – Os principais domínios do espectro eletromagnético.

2.2 Os principais domínios do espectro eletromagnético

Os domínios de comprimentos de ondas utilizados em teledetecção são os seguintes:

a) *o visual*: de 0,4 a 0,72 mícron – corresponde à parte da energia solar incidente que o olho humano pode detectar, isto é, à "luz branca", que decomposta através de um prisma dá as cores do arco-íris (violeta, azul ... vermelho);

b) *o infravermelho*: pode decompor-se em três intervalos espectrais:

- o infravermelho-próximo: de 0,7 a 1 μ;
- o infravermelho-médio: de 1 a 3,5 μ;
- o infravermelho-térmico: de 3,5 a 14 μ.

c) *as microondas* ou hiperfrequências: acima de 1.000 mícrons.

Os domínios de comprimento de onda utilizados em teledetecção não se estendem além desses intervalos de comprimentos de ondas, porque a energia solar, fora desses limites, é absorvida pela atmosfera. Os constituintes da atmosfera como o vapor d'água, o ozônio, o gás carbônico etc. absorvem a energia incidente nos intervalos que lhes são próprios.

2.3 As janelas atmosféricas

Os intervalos de comprimentos de onda utilizados em teledetecção são aqueles que não são afetados pela absorção atmosférica: são chamados "janelas atmosféricas", pois que deixam passar a radiação solar. Notamos, entretanto, que mesmo nessas janelas a atmosfera retém uma parte de energia incidente.

Todo corpo irradia energia sob a forma de uma onda eletromagnética, que se propaga segundo a fórmula:

$$\Psi = C.T$$

Ψ – comprimento de onda, expressa em micros.

C – velocidade da luz (C = 300.000 km/s).

T – período de movimento, expresso em unidade de tempo (segundo, minuto ou hora).

A irradiação eletromagnética é composta de muitas bandas ou janelas atmosféricas, nas quais os satélites têm resoluções diferentes (Figura 2).

Os fracos comprimentos de ondas, do espectro visível ao infravermelho térmico, ou seja, de 0,4 micro a aproximadamente 14 micros, são acessíveis à maioria dos satélites, contudo, os grandes comprimentos de ondas, da ordem do mm, do cm ou de microondas, são acessíveis somente ao radar.

Nos domínios do visível e do infravermelho próximo, a luz é refletida, transmitida ou absorvida.

Daí a fórmula seguinte:

> Reflexão + Transmissão Atmosférica + Absorção = 1

A toda iluminação é associada uma reflectância, que corresponde à irradiação solar que chega no nível do solo e que é refletida para a atmosfera.

Existe um outro fenômeno chamado emissão, estudado no infravermelho térmico, correspondendo à energia que irradia de um corpo e que é dirigida para a atmosfera.

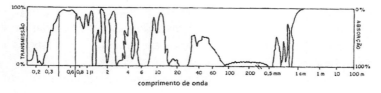

Fonte: Bariou, R. (1994).

FIGURA 2 – As janelas da atmosfera e a irradiação eletromagnética.

2.4 As interações radiação/matéria

Segundo a Lei de Conservação da Energia, toda radiação incidente sobre uma superfície dada é *absorvida, transmitida* ou *refletida* por esta superfície:

$$A (\psi) + T (\psi) + R (\psi) = 1$$

A parte da energia que é absorvida pela superfície se transforma em calor sensível (radiação infravermelho-térmico); em calor latente, utilizado para a evaporação e, depois, liberada na atmosfera por condensação; e em calor transmitido por condução na camada terrestre superior.

Quando a energia solar que chega sobre uma superfície é totalmente absorvida por esta superfície, esta é chamada "corpo negro". É o caso da água, no infravermelho do espectro, por exemplo.

A intensidade de radiação de um "corpo negro" depende do comprimento da onda considerada e de sua temperatura inicial: segundo a Lei de Planck, "todo corpo cuja temperatura é superior a zero grau absoluto (isto é $0°$ Kelvin / $-273°$ Celsius) emite energia, cuja intensidade de emissão depende do comprimento de onda".

3 A INTERPRETAÇÃO DAS IMAGENS

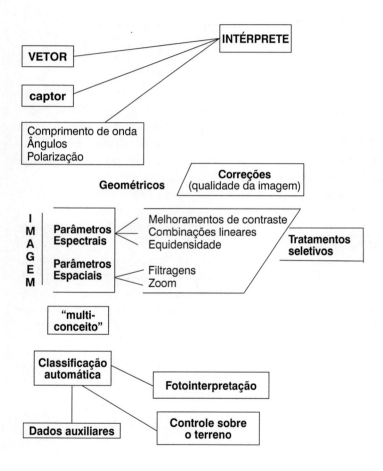

3.1 Metodologia da interpretação

O intérprete deve ser antes de tudo um temático, bom conhecedor de seu terreno de estudo, e ter sólidos conhecimentos em teledetecção.

É importante lembrar que não há uma chave de interpretação universal, mas, qualquer que seja o domínio do espectro utilizado, um certo número de parâmetros devem ser levados em consideração.

3.1.1 Parâmetros espectrais

* *parâmetros atmosféricos* (espessura da atmosfera, perfis de pressão, temperatura e umidade);
* *parâmetros do subsolo* (umidade e fluxos de calor);
* *parâmetros de interface* (interferência entre o alvo e seu meio ambiente imediato).

3.1.2 Parâmetros espaciais

* *forma*: reflexão e rugosidade – uma superfície é considerada rugosa desde que a altura média de suas irregularidades seja tal que:

$$h > \begin{cases} \psi \\ \\ 8 \sin \psi \end{cases}$$

h: desigualdade média

Ψ : ângulo entre a onda incidente e o horizonte; em radar trata-se do ângulo de depressão. Ψ é o complemento do ângulo de incidência 0.

Variante: alguns autores (Peake & Oliver, 1971, in Bonn & Rochon, 1992) propõem critérios mais precisos, de maneira a ter em conta as rugosidades intermediárias entre superfícies lisas e superfícies rugosas (Figura 3):

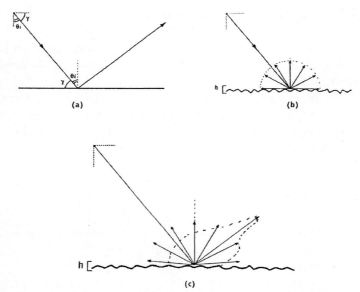

FIGURA 3 – Reflexão e rugosidade: a) superfície lisa ou muito fracamente rugosa; b) superfície rugosa; c) superfície média rugosa.

- *Reflexão e rugosidade*:
  a) *Reflexão especular* – desde que a superfície de separação entre dois meios seja plana, a reflexão é dita especular e obedece, então, à Lei de Descartes.
  b) *Reflexão Lambertiana* ou reflexão perfeitamente difusa – sobre estas superfícies rugosas, o coeficiente de reflexão é constante em todas as direções.
  c) *Reflexão difusa não Lambertiana* – sobre estas superfícies rugosas, o coeficiente de difusão é diferente segundo as direções da observação.
- *Textura*: trata-se do aspecto superficial do menor elemento que se pode individualizar sobre uma imagem. Muito utilizado em foto-interpretação, ela não é, ainda, de muita utilidade para os dados satelitares na medida em que sua numerização não é sempre o ponto, malgrado o progresso sensível neste domínio nos últimos anos.

- *Estrutura*: é a organização dos elementos texturais; as observações formuladas a propósito da textura são, em parte, válidas aqui.
- *Estereoscopia*: a estereoscopia é um parâmetro utilizável tanto no visível quanto no térmico ou nas hiperfrequências, e sua utilização desde há muito confinada aos dados aerotransportados conhece um desenvolvimento espetacular com o SPOT.

3.1.3 Tonalidade

À primeira vista, a tonalidade da imagem parece ser o critério de interpretação mais simples para se utilizar. A *tonalidade* é mais frequentemente numerizável, o que explica o desenvolvimento importante das classificações automáticas desde os anos 70. Essa facilidade, contudo, é apenas aparente, visto que se trata de um parâmetro particularmente complexo, na medida em que a tonalidade integra, às vezes, parâmetros atmosféricos (as perturbações devidas à atmosfera são função de sua espessura; dos gradientes de pressão; da temperatura; da umidade etc.) e parâmetros de subsolo (papel importante da umidade; dos fluxos de calor no interior do solo; da constante dialética etc., quando se trabalha no térmico ou na hiperfrequência); dos parâmetros de interface, muito difíceis de apreender-se, pois a espessura varia com o comprimento de onda; dos parâmetros instrumentais, enfim. Há, ainda, numerosas interferências entre o alvo e seu meio ambiente imediato – as variações de iluminação complicam igualmente a interpretação. Segundo o comprimento de onda ou a frequência à qual se trabalha, a tonalidade pode estar ligada à reflectância, à temperatura, à retrodifusão.

Esses parâmetros "teóricos" são extremamente significativos, tanto para o interpretador das imagens satelitares, como, especialmente, para quem efetua o tratamento digital destas.

Por exemplo, quando submeti os resultados das minhas interpretações relativas ao uso do solo no sudoeste de Mato Grosso em confronto com os resultados alcançados por Marie Clairay, a partir dos tratamentos digitais efetuados por ela, na University of

34 MESSIAS MODESTO DOS PASSOS

Portsmouth (Inglaterra), percebemos a necessidade de se efetuarem inúmeras correções nos "croquis de interpretação" por ela elaborados. É bom lembrar que o laboratório de tratamento de imagens satelitares da University of Portsmouth é, sem dúvida, um dos mais avançados do mundo. Contudo, sem os conhecimentos empíricos adquiridos "ao longo do pó colorido do terreno", fica muito difícil definir, a partir tão somente da tonalidade, a realidade paisagística. Pois a tonalidade, como afirmei acima, é um parâmetro muito complexo.

A tradução em imagens[2] comporta, necessariamente, uma generalização e uma perda de informação.

Nesse sentido, o ideal, repito, é ter um bom conhecimento do terreno e uma base teórico-metodológica que permita passar do conhecido para o desconhecido e, portanto, efetuar as comparações.

Os trabalhos empíricos são fundamentais, sobretudo para acostumar-se/adaptar-se a esta nova forma de visualização das paisagens.

Os reagrupamentos entre informações diferentes são necessários para melhor assegurar a identificação dos objetos. As interdependências entre fenômenos e o fundamento da abordagem sistêmica são uma base da interpretação de dados, cuja necessidade é reconhecida no estudo da paisagem.

4 PRINCÍPIOS GERAIS DO TRATAMENTO DE IMAGENS

4.1 O que é uma imagem?

No *Larousse*, podem-se encontrar numerosas definições da palavra imagem: "representação de alguma coisa pela pintura, a escultura...".

---

2 As transposições de informações numéricas em tonalidades de cinza são designadas pelo termo *imagem*, a fim de as distinguir das fotografias.

AMAZÔNIA: TELEDETECÇÃO E COLONIZAÇÃO   35

Para a teledetecção, trata-se de uma representação da informação numérica. Interessa, pois, a natureza e os tipos de informações numéricas tratadas em teledetecção e em cartografia, a configuração geral dos sistemas de tratamento informático da imagem, os diferentes modos de visualização e os tratamentos correntes aplicados a estas imagens.

Cada pixel[3] (Figura 4) tem um valor de energia refletida, compreendida entre 0 e 255. Esses níveis de energia se traduzem numa gama de cores, indo do preto ao branco, passando por todos os cinza, dos quais o olho humano não poderia observar cada tonalidade. O olho, na verdade, é capaz de distinguir em média 12 tonalidades de cinza. O satélite, não somente distingue 256, mas ainda as percebe simultaneamente em vários comprimentos de ondas (os canais), desde que trabalhe em modo multibanda: verde, vermelho e infravermelho próximo.

A informação medida pelos detectores é quantificada. Diz-se que a imagem é numérica. Na verdade, não há imagem, mas uma variedade de números registrados sobre bandas magnéticas. Para acessar a informação visual, é preciso associar a cada número um valor e o fazer inscrever no computador sobre um suporte: tela, filme ou papel.

O tratamento fotográfico otimizado desses documentos pode fornecer uma representação da paisagem em cores, por superposição de três informações primárias segundo as cores de base: vermelho, verde e azul.

---

3 Define-se o *pixel* (contração das palavras inglesas *picture element*) como a superfície na imagem correspondente ao campo de vista instantâneo no solo da linha de varredura, também chamada "mancha" que é uma contração de *mancha elementar*. As dimensões dessa superfície elementar ou mancha dão o limite da resolução espacial da varredura.

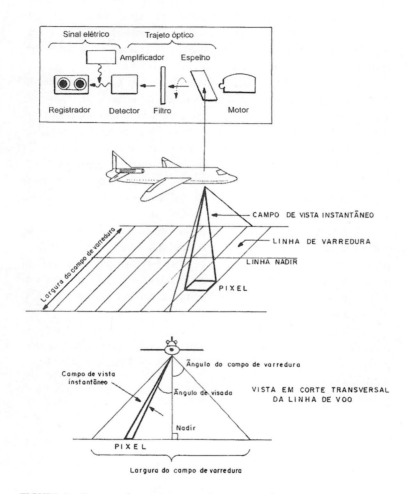

FIGURA 4 – Esquema dos componentes de uma varredura ou *scanner* mecânico.

4.2 Falsa-cor

Uma vez que não se trata de fotografias, mas de coloração de informações numéricas segundo os níveis de energia captados pelo satélite, compreende-se que as cores não correspondam à realidade observada no solo. A tonalidade das imagens não tem nada a ver com aquelas que nós percebemos: a vegetação é vermelha, a água é preta...

4.3 Modos de representação das imagens numéricas

Podem-se definir três modos de base de visualização de imagens:

4.3.1 Monocromo

Os valores são traduzidos em nível de cinza: tradicionalmente o valor minimal em preto, o valor maximal em branco, os valores intermediários em cinza do mais sombreado ao mais claro.

4.3.2 Equidensidade colorida

A equidensidade colorida consiste em atribuir uma só cor a uma classe de valores de pixels que caracteriza um espaço delimitado sobre a imagem. Os valores de pixels sobre as imagens são determinados – automaticamente – para se definir o *histograma* representativo de cada espaço. O ajustamento dos limites de classes aos valores de pixels determinados sobre a tela – em função dos aspectos visuais – permite realizar uma primeira classificação, segundo uma tentativa empírica.

A cada pixel é associado um valor de luminância, medido em cada canal.

É, por exemplo, a representação tradicional de uma termografia ou de uma classificação.

A escolha das cores, por vezes muito delicada, deve considerar os aspectos fisiológicos e psicológicos da percepção das cores (sensibilidade, fenômenos de contrastes, tonalidades "quentes" para os valores fortes de temperatura etc.).

Em todo caso, uma imagem assim realizada deve acompanhar-se de uma legenda.

4.3.3 Composição colorida

Para a realização da composição colorida, visualizam-se simultaneamente três imagens "monocromos", canais de uma mesma cena, por exemplo.

As três imagens são superpostas, uma em *vermelho* (cada ponto tendo uma tonalidade proporcional ao seu valor), uma em *verde*, e uma em *azul*. O resultado é uma imagem composta "RVB".[4]

Esta decomposição da cor em modo RVB, síntese aditiva, corresponde à tecnologia das telas/visor, constituídas de pontos vermelhos, verdes e azuis.

4.4 Os Índices de Vegetação: *Normalized Difference Vegetation Index* – NDVI

A identificação das diversas coberturas vegetais e sua cartografia espacial tornaram-se possíveis graças aos tratamentos aplicados às imagens satelitares. Muitas combinações lineares de canais AVHRR são utilizadas para este fim, de maneira a obter indicações as mais precisas possíveis do desenvolvimento da vegetação e a acompanhar sua evolução têmporo-espacial (Price, 1983, 1986 e 1990; Cassels et al., 1984; Gutman, 1987; Laguarde, 1987; Seguin, 1989; Hubert, 1989; Mounier, 1990).

O princípio dessas combinações, denominadas *índices de vegetação*, se apoia sobre o cálculo da diferença das respostas espectrais dos vegetais nos comprimentos de ondas do visível e do infravermelho próximo (canais 3 e 4 do LANDSAT TM). As variações espaciais dessas respostas permitem dissociar as superfícies vegetais daquelas de solos nus ou fracamente cobertas.

Na verdade, cada superfície reage diferentemente segundo a gama de comprimento de ondas considerada. Existe um contraste marcante entre o comportamento espectral de um vegetal e aquele de um solo nu ou de uma vegetação aberta ou desidratada. A vegetação densa, por exemplo, reflete muito da energia

---

4 R = *rouge*, V = *vert* e B = *bleu*.

solar incidente no PIR (infravermelho próximo), ao passo que, no visível, ela absorve mais e reflete menos, seguida da absorção da radiação solar pelos pigmentos foliares. Ao contrário, o solo possui uma reflectância mais elevada no visível; este comprimento de onda fornecerá, sobretudo, indicações sobre o estado da vegetação e sua cobertura do solo.

Os índices de vegetação têm por objetivo estudar as variações espaciais da vegetação em crescimento ou submetida a um estresse e, mais particularmente, a um estresse hídrico. Eles se exprimem por combinações matemáticas de valores de luminância nas diferentes gamas de comprimento de onda das radiações refletidas, notadamente nas gamas do visível e do PIR. Numerosos índices foram ajustados em razão do número de canais dos satélites. A este respeito nos apoiaremos nos dossiês de Bariou (1978), sobre os *índices de vegetação*.

O NDVI *(Normalized Difference Vegetation Index)* é uma relação de uma diferença de canais sobre uma soma de canais (Rousse in Bonn & Rochon, 1992).

Ele se calcula como segue:

$$\frac{PIR - R}{PIR + R} = \frac{CANAL\ TM4 - CANAL\ TM3}{CANAL\ TM4 + CANAL\ TM3}$$

Obtendo-se, assim, um neocanal composto do canal TM3 e TM4.

Teoricamente, os valores do NDVI estão compreendidos entre 0 (solos nus) e 1 (forte cobertura vegetal).

Na realidade, um estudo multitemporal da vegetação exige numerosas correções, de maneira a melhorar a qualidade dos dados e a torná-los comparáveis. É preciso levar em conta muitos efeitos que alteram a qualidade das medidas radiométricas: os efeitos atmosféricos que intervêm na difusão, as variações das condições de iluminação (ângulos solares), os ângulos de visada, problemas dos captores etc.

O NDVI elimina quase todas as difusões atmosféricas e o efeito das sombras, mas é mais sensível para o ângulo de visada.

5 CARACTERÍSTICAS DE ALGUNS SATÉLITES E CAPTORES METEOROLÓGICOS E DE OBSERVAÇÃO DA TERRA

Existem três critérios para diferenciação dos satélites:

* resolução espacial (pixel);
* resolução espectral (número de bandas);
* resolução temporal.

Quadro 1 – Características dos principais satélites

Satélite e captor	Resolução espectral	Resolução espacial	Resolução temporal
METEOSAT 1 E 2 Geostacionário Altitude: 35.600 km	3 bandas espectrais 1: 0,4-1,1 μ 2: 5,7-7,1 μ 3: 10,5-12,5 μ	- No Equador: 2,5 km (banda 1) 5,0 km (bandas 2,3) -Nas latitudes médias 5,0 km (banda 1) 10,0 km (bandas 2,3)	30 minutos
NOAA AVHRR Heliosincronal Altitude: 849-850km	5 bandas espectrais 1: 0,58-0,68 μ 2: 0,72-1,1 μ 3: 3,55-3,93 μ 4: 10,5-11,3 μ 5: 11,5-12,5 μ	1,1 km	12 horas
LANDSAT Heliosincronal MSS Altitude 918 km	4 bandas espectrais 1: 0,5-0,6 μ 2: 0,6-0,7 μ 3: 0,7-0,8 μ 4: 0,8-1,1 μ	79 x 56 metros	18 dias
TM Altitude: 705 km	7 bandas espectrais 1: 0,45-0,52 μ 2: 0,52-0,60 μ 3: 0,63-0,69 μ 4: 0,79-0,90 μ 5: 1,55-1,75 μ 6: 10,4-12,5 μ 7: 2,08-2,35 μ	30 metros	16 dias
SPOT Heliosincronal Altitude: 822 km -Mode pancromático -Mode multibanda	1 banda espectral 1: 0,51-0,73 μ 3 bandas espectrais 1: 0,59-0,59 μ 2: 0,61-0,68 μ 3: 0,79-0,89 μ	10 metros 20 metros	26 dias

6 A TELEDETECÇÃO APLICADA À IDENTIFICAÇÃO DOS ELEMENTOS DA PAISAGEM

A fim de apresentar uma possível "chave" de interpretação dos elementos componentes da paisagem – conforme a sua visualização, a partir da CC: 4-5-3 –, no sudoeste de Mato Grosso, explicito o que segue.

A escolha dos canais TM3, TM4 e TM5 se justifica pelas suas propriedades, apropriadas ao estudo da paisagem (uso do solo), por ser mais frequentemente/mais universalmente utilizada por outros pesquisadores, com objetivos idênticos, ou seja, o "estudo do uso do solo".

- O canal TM3 corresponde à banda vermelha (0,62 a 0,69 μ); ressalta as *superfícies vegetais*, pois a clorofila dos vegetais verdes absorve as radiações vermelhas;
- O canal TM4 corresponde à banda do infravermelho próximo (0,78 a 0,90 μ); ressalta, também, os vegetais – que refletem e não absorvem as radiações infravermelho –, assim como as *superfícies minerais* – que se comportam inversamente aos vegetais;
- O canal TM5 corresponde à banda infravermelho médio (1,57 a 1,78 μ); coloca em evidência o *teor em água, dos solos e dos vegetais.*

Assim, a "chave de identificação" mais próxima da realidade do terreno se apresenta como segue:

6.1 Vegetação

A absorção é forte neste comprimento de onda (0,62 a 1,78 μ), sobretudo naquelas do canal 5 (infravermelho médio). Além do mais, as folhas, em razão da diversidade de suas orientações, provocam uma reflexão difusa. Os dois fatores se somam para dar às plantas uma fraca reflexibilidade, traduzindo-se por uma tonalidade difusa, particularmente no canal 5. A uma biomassa aérea importante corresponde um metabolismo intenso, resultando numa tonalidade difusa.

Nas formações vegetais abertas, a forte reflexibilidade do solo nu torna a tonalidade muito mais clara, sobretudo quando as plantas não têm mais (ou têm pouca) matéria verde. O estudo diacrônico do canal 5 permite a identificação dos grandes tipos de formações vegetais.

A floresta tropical/pluvial aparece todo o ano em tom vermelho forte, sendo muito perceptíveis as áreas que sofreram desmatamento recente (tom vermelho mais claro), em virtude da redução da biomassa.

6.2 Geomorfologia

O fato geomorfológico define-se pelas relações entre uma forma, um mecanismo genético e um material; logo, sua percepção depende, em grande parte, de outros aspectos do meio ambiente.

Aqui se tornam imprescindíveis as indicações indiretas, fornecidas pela vegetação. As variações de tonalidade permitem identificar as coberturas vegetais mais ou menos abertas, influenciando os processos morfogenéticos. Elas permitem, também, identificar as rochas, numa certa medida, apoiando-se sobre os controles de terreno. Por exemplo, a densidade/hierarquia da rede hidrográfica permite, de certa forma, aferir o tipo de rocha (arenito permeável = menor densidade de cursos d'água), como se pode observar nas "fotos" imagens relativas à Chapada dos Parecis, cuja estrutura arenítica permeável reduz substancialmente a possibilidade de cursos d'água superficiais.

6.3 Relevo

O relevo traduz-se pelas variações mais ou menos graduais das cores específicas dos diversos objetos. Essas variações são comandadas pelo valor das vertentes e sua orientação em relação ao

AMAZÔNIA: TELEDETECÇÃO E COLONIZAÇÃO   43

sol. Embora não seja possível, ainda, determinar a altimetria do relevo a partir das imagens LANDSAT TM, é possível visualizar a "compartimentação topográfica", *grosso modo*, tanto pela rugosidade aparente nas "fotos imagens", como por agrupamentos de informações diferentes. Daí a importância do conhecimento empírico da realidade do terreno e de uma sólida base teórico-metodológica a respeito de análise integrada da paisagem.

6.4 Materiais rochosos

Os afloramentos de rocha nua aparecem com tonalidades claras, amareladas ou azuladas, relativamente variadas, em grande parte sob a influência dos vegetais inferiores que os ocupam.

6.5 Influências estruturais

A importância da cobertura vegetal deixa pouco perceptíveis certos aspectos estruturais. Contudo, a CC: 4-5-3 pode ser utilizada, de forma indireta, para detectar as influências estruturais, ou seja, os tipos de formações vegetais (aqui compreendidas as culturas) podem se repartir em função da litologia. Esta assume um papel mais significativo, especialmente nas regiões de transição, onde os contrastes litológicos podem ser determinantes. É preciso estar sempre atento para as realidades de terreno, tendo em vista a complexidade das inter-relações biogeográficas.

As composições coloridas são um excelente instrumento para a determinação de unidades fisiográficas.

O conjunto de serras residuais – Planalto Residual do Alto Guaporé –, e mais a explicitação do relevo dissecado da Serra de Santa Bárbara – estrutura sedimentar –, evidencia as possibilidades de se obterem informações das influências estruturais a partir da CC: 4-5-3.

O posicionamento de alguns cursos d'água ao longo do alinhamento serrano permite, de forma indireta, concluir que se trata de linhas de fraqueza das rochas.

Os ângulos "retos" dos rios Jauru e Guaporé são indicadores de que os cursos desses dois rios estão submetidos à estrutura (basalto).

6.6 Formas de acumulação

A composição colorida oferece as mesmas desvantagens e inconvenientes já observados em relação às influências estruturais. Uma relação com os processos atuais pode ser estabelecida em boas condições. Nesse caso, as composições coloridas são um recurso indispensável (regimes hídricos contrastados, ou seja, seca – inundação; meandros etc.).

O uso da teledetecção não é totalmente válido e eficaz senão quando inserido no conjunto dos nossos conhecimentos sobre a dinâmica da paisagem.

2 AS TRANSFORMAÇÕES HISTÓRICAS DA PAISAGEM NA AMAZÔNIA MATOGROSSENSE

> "A paisagem é sempre uma herança...
> Herança de processos fisiográficos e
> biológicos, e patrimônio coletivo dos povos
> que historicamente as herdaram como
> território de atuação de suas comunidades..."
> *Aziz Ab'Sáber*, 1977

A evolução histórica das paisagens, regra geral, é negligenciada pelos ecologistas – pouco familiarizados com os fatos e os documentos históricos –; pelos historiadores que, com raríssimas exceções, não interpretam os documentos relativos ao meio "natural", e pelos geomorfólogos que enfatizam mais o conhecimento dos meios quaternários em detrimento da dinâmica atual das paisagens, ou seja, ignoram o período histórico.

Nesse sentido, lembramos que a paisagem é produzida historicamente pelos homens, segundo a sua organização social, o seu grau de cultura, o seu aparato tecnológico etc.

A paisagem integra pois o homem, ou mais precisamente, a sociedade considerada como agente natural. A ciência da paisagem ignora a ruptura entre geografia física e geografia humana. A paisagem é reflexo da organização social e de condições "naturais" particulares. A paisagem é, portanto, um espaço em três dimensões: "natural", social e histórica.

A paisagem é uma interpretação social da natureza. Nesse sentido, consideramos válido partirmos dos fatos históricos/socioeconômicos, do "processo de ocupação" regional para entendermos a fisiologia da paisagem, ou seja, irmos da Sociedade para a Natureza.

É bom lembrar que os teóricos da Ciência da Paisagem, ao proporem a análise da *ação antrópica*, como um elemento da síntese paisagística, empregaram esse conceito para expressar as transformações da paisagem resultante da ação do homem como coletivo social. Com o passar do tempo, mercê da divulgação da mídia (e do "esforço de conscientização" da opinião pública) e dos desastres ecológicos ocasionados pela atividade humana, o termo "ação antrópica" adquiriu um sentido pejorativo. Assim, quando em um texto de geografia ou de ecologia fala-se de "ação antrópica", se dá uma conotação negativa generalizada a todas as mudanças ambientais. De outro modo, é verdade que no conceito de "ação antrópica" não se contempla, regra geral, as mudanças paisagísticas introduzidas pela "desumanização", isto é, pelo relaxamento das atividades humanas ou por seu total desaparecimento.

Com esta reflexão, não estamos propondo que o geógrafo, como profissional do conhecimento espacial, reprima sua capacidade de crítica e de avalição das atividades desenvolvidas pelo coletivo social. O que pensamos a este respeito é que, para julgar a intervenção do homem sobre o meio, é necessário conhecer bem todas as circunstâncias que promoveram essa intervenção, sobretudo, com uma perspectiva temporal, isto é, HISTÓRICA.

Concluindo essa "justificativa" da opção de analisarmos, num primeiro momento, os fatos históricos que definiram "o processo de ocupação do Centro-Oeste e da Amazônia" e, claro, que determinaram a "inserção dessas regiões ao sistema de produção capitalista", afirmamos que *a paisagem é um processo, produto do tempo e, mais precisamente, da história social*. Os itens 1.1 a 1.5 estão apoiados, essencialmente, em Abreu (1997).

I O PROCESSO DE OCUPAÇÃO DO CENTRO-OESTE E DA AMAZÔNIA

1.1 As premissas

Uma vasta empresa comercial. Caio Prado Júnior define assim o empreendimento colonial português na América. Desde o começo, a exploração econômica do Brasil e a organização do seu espaço se fizeram objetivando a acumulação capitalista, beneficiando, desse modo, as camadas da população detentoras de capital. Esse pressuposto teórico dá o suporte básico da explicação da história econômica do Brasil e da Amazônia em particular.

Para consolidar o domínio português na Amazônia e proteger a foz do Rio Amazonas, disputada pelos rivais como via de penetração no continente desconhecido e potencialmente rico, a Coroa fundou, em 1616, a Vila de Nossa Senhora de Belém do Grão-Pará e o Forte do Presépio. Depois, favoreceu a penetração de padres franciscanos, carmelitas, jesuítas e mercedários que fundaram inúmeras missões. Foram criadas vilas em entrepostos comerciais e que tinham função política e militar. Nos séculos XVII e XVIII, foram estabelecidos 11 fortes: Óbidos e Santarém (século XVII), Santo Antônio do Gurupá (1623), Barra de Belém (1686), São José de Marabitanas (1760), São Gabriel da Cachoeira (1760), São José de Macapá (1764), Coimbra (1775), São Joaquim (1775), Príncipe da Beira (1776), Tabatinga (1776). Todos esses pontos formavam um arco que, desde os rios Paraguai, Guaporé, Solimões, Negro, Branco e Amazonas, incorporava ao domínio português o que se veio a chamar de Norte e Centro-Oeste brasileiros.

Além da importância geopolítica da incorporação de milhões de quilômetros quadrados consolidada pelos tratados de Madri (1750), de Paris (1763) e Santo Ildefonso (1777), a Coroa Portuguesa punha à disposição da burguesia mercantil do reino áreas passíveis de fornecerem as "drogas" (castanha, borracha, cacau, couros, peles silvestres, plantas medicinais) que iriam contribuir para a acumulação primitiva europeia.

Depois da Independência, a preocupação do governo com o Norte e o Centro-Oeste se materializou especificamente com a Guerra do Paraguai (1865-1870). Além de outros motivos, a ameaça do fechamento do Rio Paraguai, que impediria o acesso brasileiro a Mato Grosso, foi um dos motivos do conflito. Com a derrota paraguaia, ficou estabelecida a hegemonia brasileira na região, também para a exploração do mate no sul matogrossense.

1.2 A borracha

Os seringais nativos da Amazônia foram extremamente valorizados quando, a partir de 1839, Charles Goodyear desenvolveu o processo de vulcanização que permitiu o uso industrial da borracha em múltiplos subprodutos. A borracha tornou-se importantíssima matéria-prima das indústrias dos países centrais. No fim do século XIX, a borracha já era o terceiro produto da exportação brasileira, abaixo do café e do açúcar. O pico da produção ocorreu entre 1890 e 1910. A borracha foi explorada pelos interesses internacionais de forma predatória em relação à floresta e aos trabalhadores envolvidos. Além dos caboclos amazônicos, entre 1872 e 1900, 260 mil nordestinos (cearenses) foram deslocados para os seringais numa antecipação do que ocorreria daí para a frente. Belém e Manaus se transformaram em grandes entrepostos comerciais, atraindo legiões de aventureiros: europeus, sírio-libaneses, norte--americanos. O extrativismo se dava pela participação do seringueiro e do seringalista.

O seringueiro era o produtor direto, morando na floresta, em casebres desprovidos de quase tudo, caminhando cerca de 20 quilômetros pelas trilhas, quando, de manhã, saía distribuindo as canecas e sangrando as árvores e, quando, à tarde, voltava recolhendo a resina. Era-lhe fornecido o necessário para uma miserável subsistência, e as ferramentas de trabalho provinham de adiantamento descontado quando do acerto de contas na entrega das *pélas* (bolas de látex defumado). O seringalista era o proprietário do seringal que se apropriava do produto recolhido e o vendia às exportadoras. O seringalista estava dependente do capital inter-

AMAZÔNIA: TELEDETECÇÃO E COLONIZAÇÃO   49

nacional baseado nas duas capitais (Belém e Manaus) e que fornecia dinheiro e víveres, deixando os brasileiros sempre endividados. Eram também estrangeiros os suportes da circulação: empresas de navegação, bancos, seguradoras, exportadoras. Acontecia no Norte com a borracha o que ocorria no Sudeste com o café: a apropriação pelos monopólios internacionais (predominantemente ingleses) de uma riqueza brasileira, participando minoritariamente dos benefícios a burguesia brasileira de forma associada e subordinada. A Primeira Guerra Mundial (1914-1918) e as plantações de seringais pelos ingleses nas suas colônias da Ásia trouxeram a morte do surto econômico. A crise agudizou a vida miserável do seringueiro e a riqueza obtida se desvaneceu no luxo consumista[1] de uma minoria que não promoveu o desenvolvimento da região. A borracha ficou indissoluvelmente ligada à economia amazônica. Recentemente (a partir dos anos 60), é que se procurou diversificar a economia regional.

A valorização da borracha como matéria-prima industrial motivou a exploração do produto não só na Amazônia brasileira, mas em toda parte da América do Sul onde ela se encontrasse. A crescente demanda internacional pela borracha levava os comerciantes de Belém e Manaus a incitarem os seringueiros a penetrarem no fundo da floresta. Os brasileiros, assim, se estabeleceram nas cabeceiras dos rios Purus e Acre, área de domínio da Bolívia.

O governo federal, inicialmente, reconheceu a soberania boliviana na região. Isto motivou protestos dos brasileiros ali fi-

---

1 "Os coronéis da borracha, enriquecidos na aventura, resolveram romper a órbita cerrada dos costumes coloniais, a atmosfera de isolamento e tentaram transplantar os ingredientes políticos e culturais da velha Europa, matrona próspera, vivendo numa época de fastígio e menopausa. O clima do *far-west* seria o visível nas capitais amazônicas subitamente emergidas das *estradas de seringa*. Contra a fronteira e os perigos de um tradicionalismo aristocratizante típico de fazendeiros, os coronéis da borracha experimentaram a tentação do internacionalismo e da irresponsabilidade burguesa da *belle époque*. A Amazônia foi praticamente a única região de toda a América do Sul a mergulhar de corpo e alma na franca camaradagem dispendiosa da *belle époque*. Os coronéis, de seus palacetes, com um pé na cidade e outro no distante *barracão central*, pareciam dispostos a recriar todas as delícias, mesmo a peso de ouro..." Márcio Souza (1990), p.46.

xados, que chegaram a pegar em armas e proclamar um Estado independente. Esta situação política levou o Brasil a se preocupar com o assunto, mesmo porque a borracha crescia de valor e a Bolívia concedera vantagens políticas e econômicas a um grupo anglo-americano para explorar aquelas terras. Negociações diplomáticas entre o Brasil e a Bolívia concluíram pela anexação de 142 mil km^2 ao território nacional mediante indenização de 2 milhões de libras, mais a construção de uma ferrovia – a Madeira-Mamoré – que permitiria o acesso boliviano ao Atlântico. O Brasil indenizou o truste estrangeiro em 110 mil libras para desistir do seu contrato. Resolvido o problema com a Bolívia, restava uma pendência com o Peru que também reivindicava aquelas terras e parte do Amazonas. Resolvida esta questão, o Acre foi incorporado ao Brasil.

1.3 A integração

A preocupação geopolítica de integração das regiões Norte e Centro-Oeste esteve sempre presente no governo brasileiro por causa da cobiça internacional para a exploração econômica ou para a expropriação de terras. A história regional comprova, entretanto, que a preocupação governamental se voltou mais para a soberania política formal. A apropriação econômica internacional diretamente ou usando intermediários nacionais foi sempre tolerada, chegando a ser desejada e estimulada como fomento.

O governo federal preocupou-se, inicialmente, com a ligação telegráfica de Goiás a Mato Grosso, o que se efetuou até 1906 com a instalação de 1.900 km de linhas e de 17 estações telegráficas, ligando-se, ao sistema nacional, Cuiabá, Miranda, Aquidauana, Bela Vista, Porto Murtinho, Coimbra e Cáceres. Nesta primeira etapa, a Comissão Gomes Carneiro contou com a participação de Rondon, que se destacou não só pelos seus serviços profissionais, mas também pelo seu humanismo no tratamento com os índios, procurando sua amizade e não hostilizá-los, em contraste com o comportamento do homem branco desde o descobrimento – que viu no índio sempre um empecilho a eliminar na

AMAZÔNIA: TELEDETECÇÃO E COLONIZAÇÃO 51

concretização de sua ambição espoliativa. Numa segunda etapa, formou-se a Comissão Rondon com a atribuição de estender fios telegráficos de Cuiabá ao Acre e ao Amazonas. Rondon deu um cunho científico à sua expedição, incorporando-lhe profissionais para levantar os aspectos geográficos, antropológicos, etnográficos, botânicos e zoológicos. Os trabalhos transcorreram entre 1907 e 1917, construindo-se 2.270 km de linhas telegráficas com 28 estações. Foi feito o levantamento geográfico de 50.000 km lineares de terras e de águas e determinadas mais de 200 coordenadas geográficas. Descobriram-se mais de 12 rios e corrigiu-se, cartograficamente, o curso de vários outros.[2] O material coletado – artefatos indígenas, peças de botânica, zoologia e mineração – foi doado ao Museu Nacional. A extrema fronteira oeste do Brasil podia falar com a capital da República, garantindo-se a soberania e a circulação mercantil.

Outra medida foi a comunicação terrestre com Mato Grosso para consolidar a sua incorporação. O Brasil conseguira, por via fluvial, este objetivo com a vitória sobre o Paraguai (1870). As linhas telegráficas (1917) diminuíram o isolamento das populações, mas a ferrovia, o transporte terrestre primordial da época, seria a solução definitiva. A Estrada de Ferro Noroeste do Brasil foi concedida a particulares e depois encampada pelo governo federal. Iniciou-se em 1905, em Bauru (SP), e foi se desenvolvendo por etapas até chegar, em 1952, a Corumbá (MS), fronteira com a Bolívia. O ramal Campo Grande (MS) a Ponta Porã (MS) foi iniciado em 1944 e concluído em 1952. Neste último ponto, a conexão se faz com o Paraguai. O objetivo estratégico dessa ferrovia é evidente, pois possibilita a rápida colocação de tropas em fronteiras internacionais. Por outro lado, desempenha até hoje expressiva função comercial com a colocação de mercadorias brasileiras

---

2 Commissão de Linhas Telegraphicas Estrategicas de Matto Grosso ao Amazonas. *RELATORIO* apresentado à Directoria Geral dos Telegraphos e à Divisão Geral de Engenharia (G.5) do Departamento da Guerra, pelo Coronel CANDIDO MARIANO DA SILVA RONDON (Chefe da Commissão). 1º volume. Estudos e Reconhecimentos. Rio de Janeiro: Papelaria Luiz Macedo. Rua da Quitanda, 74.

no mercado sul-americano e com o escoamento de produtos agropecuários para os mercados Rio-São Paulo e para portos de exportação. Com a Noroeste, Corumbá perdeu a condição de polo comercial do sul matogrossense (via Prata-Paraguai) para Campo Grande, que acabou capital de um novo Estado – Mato Grosso do Sul (1978).

1.4 A cobiça internacional

A cobiça internacional, pela potencialidade econômica da Amazônia, vem desde a colônia, passando pelo período nacional. Em meados do século XIX, o governo imperial foi pressionado para a abertura da navegação internacional do Amazonas, o que acabou ocorrendo em 1857. Este acontecimento se dava no quadro de coação do capitalismo internacional para a abertura de mercados: contra a autarquia do Paraguai, nas duas Guerras do Ópio na China e com a entrada do norte-americano Comodoro Perry no Japão, entre outros. Os países capitalistas financiaram várias expedições científicas pela Amazônia com o objetivo oculto de detectar suas possibilidades econômicas. O aproveitamento da borracha na virada do século provou que eles estavam corretos. Na avidez pela borracha, os detentores do grande capital brigavam entre si. Para fugir do monopólio dos ingleses, exercido com a produção colonial asiática, a Ford, na década de 1920, instalou-se no Vale do Tapajós (Pará) em 1 milhão de hectares para desenvolver grandes plantações de seringueiras (Fordlândia e Belterra). A experiência (1927-1945) não deu certo, tendo o governo brasileiro comprado todos os haveres dos norte-americanos em mais uma socialização dos prejuízos. No período entre guerras, a borracha se tornou matéria-prima bélica pela crescente mecanização das forças armadas em todo o mundo. Aos EUA, potência emergente, interessava acabar com o caráter aleatório do fornecimento deste insumo. Apesar da invenção da borracha sintética, o produto natural ainda tem participação imprescindível na industrialização. Com a entrada dos EUA na Segunda Guerra Mundial, foram feitos inúmeros acordos de cooperação com o Brasil que acabou participando do conflito (1942), pois de há muito

AMAZÔNIA: TELEDETECÇÃO E COLONIZAÇÃO   53

integrado nos quadros do imperialismo norte-americano. Além da cessão de bases no Nordeste, remessa de tropas para a Itália, fornecimento de matérias-primas agropecuárias e minerais, o Brasil associou-se ao esforço de guerra com a Batalha da Produção. Esta constou na dinamização da produção amazônica de látex para ser enviado como material de guerra aos EUA. Para isto, criou-se o Banco de Crédito da Borracha (Decreto-Lei nº 4.451 de 9.7.1942) com recursos dos governos brasileiro e norte--americano. Houve um revivescimento da euforia de meio século passado e sacrificaram-se mais alguns milhares de nordestinos transmigrados com o auxílio do governo, como solução para a seca de 1942. Passada a guerra, voltou a estagnação. Em 1951, o Brasil fez sua primeira importação de borracha vegetal.

O investimento do capital internacional na Amazônia tem um resultado constante: se frustrado seu intento, há a encampação pelo governo a fim de minimizar o prejuízo; se bem-sucedido, permite--se a auferição dos lucros até o esgotamento. Foi o que ocorreu com a navegação do Rio Amazonas. Assediado pelo estrangeiro, D. Pedro II convidou Mauá a incorporar uma empresa de navegação para o Rio Amazonas o que de fato aconteceu (1850). A falência do empresário, logo depois, facilitou a entrada dos norte-americanos no negócio. Em 1874, a Amazon Steam Navigation Company incorporou as outras companhias então existentes, tornando-se a única grande linha da região. Após quase um século, depois da Segunda Guerra Mundial, o governo brasileiro encampou os interesses ingleses e norte-americanos de navegação e de docas (a Amazon Steam Navigation Company, a Manaos Harbour e a Port of Pará) e criou o Serviço de Navegação do Amazonas e Administração do Porto do Pará – SNAAP – hoje chamado ENASA – Empresa de Navegação do Amazonas S. A.

1.5 O nacionalismo

As primeiras experiências de colonização oficial no Norte e no Centro-Oeste ocorreram no Estado Novo. Em 1941, foi criada a Colônia Agrícola de Goiás, no município de Goiás (GO) e, em 1943, a Colônia Agrícola Nacional de Dourados, no município de Dourados (MS). O objetivo era ampliar a fronteira agrícola, colonizar na base de uma agricultura moderna, fixando o homem à terra e substituindo a rotação de terras pela rotação de culturas.

O esforço para o desenvolvimento econômico nacional mais autônomo iniciou-se entre 1930 e 1945, apesar de perdurar a dependência ao capital internacional. Foram criados vários órgãos e empresas para estudar e implementar medidas de caráter nacionalista para o fortalecimento da infraestrutura econômica brasileira. Começaram a se formar quadros técnicos que mais tarde se transformaram numa poderosa tecnoburocracia. O planejamento começou a ser visto como a melhor forma de administração. A realização mais expressiva dessa época foi o início (1942) da construção da Usina Volta Redonda da Companhia Siderúrgica Nacional, matriz de todo o desenvolvimento da década de 1950.

A opção pelo nacionalismo econômico e o Estado como seu executor continuou no período 1951-1954 com o apoio dos trabalhadores urbanos e do empresariado na aliança do populismo. Em plena Guerra Fria, esse comportamento descontentava os EUA, aliados aos segmentos oposicionistas internos ao governo federal. A recusa do envio de tropas para a Guerra da Coreia (1950-1953), a criação da Petrobrás (1953) e a proposta de lei para a Eletrobrás, acabando com os monopólios estrangeiros do setor (Light), foram algumas causas da crise política de agosto de 1954.

A política nacionalista criou a Superintendência do Plano de Valorização Econômica da Amazônia – SPVEA – (1953) para agrupar os esforços do governo federal no desenvolvimento regional com vista à diversificação econômica. Some-se a isto a instituição do Serviço de Navegação do Amazonas e Administração do Porto do Pará – SNAAP – que libertava os habitantes do Norte do serviço precário que as embarcações estrangeiras vinham oferecendo. O Banco de Crédito da Borracha foi transformado em Banco de Crédito da Amazônia com atribuições ampliadas: além de manter seu papel inicial de executor da política nacional da borracha, da qual detinha o monopólio de compra e venda, passou a atender outras necessidades da região como banco de desenvolvimento.

AMAZÔNIA: TELEDETECÇÃO E COLONIZAÇÃO 55

Apesar dessas mudanças na política governamental, o capital estrangeiro não perdia oportunidade de se posicionar na região. Na década de 1940, o governo federal concedeu por cinquenta anos à ICOMI – Indústria e Comércio de Minérios S. A. – empresa nacional associada à Bethlehem Steel Corporation, dos EUA, o direito de explorar as reservas de manganês do Amapá, na Serra do Navio, calculadas em 30 milhões de toneladas. A ICOMI construiu 194 km de ferrovia entre a Serra do Navio e o Porto de Santana, em Macapá, eletrificou-a por meio de uma usina termoelétrica e exporta, até hoje, 1,5 milhão de toneladas de minério em média por ano, especialmente para os EUA. Uma usina de peletização foi instalada junto ao porto de embarque.

A cobiça internacional se mostrou mais sofisticada no pós-guerra, quando, em 1945, foi proposta a criação do Instituto Internacional da Hileia Amazônica, sob o patrocínio da UNESCO, para conduzir um condomínio de entidades científicas internacionais. Este Instituto fomentaria a investigação científica da região, mas exerceria poderes de verdadeiro Estado. O Brasil disporia de apenas um voto no conselho dirigente. O Congresso Nacional rechaçou a investida, que não se concretizou. Em 1964, o Hudson Institute, de Nova York, dirigido por Hermann Khan, propôs um sistema de grandes lagos na América do Sul para a produção de energia elétrica. Um deles seria na Amazônia, submergindo área superior a 250 mil km². O plano teve frontal oposição das Forças Armadas, então com o controle do governo do país.

A preocupação pela independência econômica e a integração territorial ameaçada pelo isolamento (Amazônia) ou pela pobreza (Nordeste) firmavam-se progressivamente na consciência nacional. Mas as medidas governamentais sempre procuraram o apoio dos capitalistas nacionais e internacionais. A mobilização popular foi sempre estimulada para fornecimento de mão de obra com promessas de realização de fortuna rápida.

Ao inaugurar sua nova Capital em 1960, a nação brasileira vivia um período de intensa euforia desenvolvimentista (os famosos "50 anos em 5" do período Kubitschek). É bom lembrar que, na administração JK (1956-1961), praticou-se uma política de desenvolvimento acelerado, mas não se conseguiu extirpar a dependência. Apesar do rompimento com o Fundo Monetário Internacional, optou-se pelo crescimento econômico associado ao capitalismo internacional. Nesse período, foi realizado um programa de trinta metas, a criação da SUDENE, a Operação Panamericana e a construção de Brasília.

O *Plano de Metas* visava vários setores da economia que deveriam crescer ou ser iniciados. A maior realização foi a implantação da indústria automobilística. A SUDENE foi criada com o intuito de coordenar os esforços governamentais na região para arrancá-la da pobreza e para esvaziar tensões que, na década de 1950, tomavam feições pré-revolucionárias. A Operação Panamericana propôs o relacionamento autônomo com países latino--americanos entre si para superar o subdesenvolvimento, com a tutela dos EUA.

Geopoliticamente Brasília visava à amarração de um vasto descontínuo econômico em um nó central, unificador. Embora centro do planejamento da expansão das grandes rodovias de integração continental, especialmente transamazônicas (Belém--Brasília, Brasília-Acre), a sede da Federação efetiva-se apenas em nível administrativo, no poder central, uma vez que os verdadeiros centros de decisões econômicas continuam excentricamente colocados no Sudeste, no eixo São Paulo-Rio de Janeiro.

2 CONSTRUIR O BRASIL É MARCHAR PARA O OESTE

2.1 As políticas favoráveis à expansão da fronteira

2.1.1 A noção de fronteira

A fronteira simboliza um limite físico objetivo marcado ou não por um fato real, mas ela é também o limite subjetivo entre dois domínios, dois mundos que frequentemente se afrontam.

A colonização dos espaços fronteiros se efetuou graças a uma conjunção de possibilidades de extensão infinita. Os 8,5 milhões de km² do território brasileiro não apresentam obstáculos intransponíveis. Todavia, podem-se considerar os obstáculos físicos de segunda ordem, tais como: o polígono da seca na região nordeste, a *friagem* (queda brutal da temperatura a 13° ou 14°C na zona intertropical), os constrastes na natureza dos solos (pedregosos, finos), o domínio da floresta amazônica etc.

É necessário lembrar que o espaço de fronteira interior no território brasileiro é muito vago e extenso, estando sua terra destinada a ser submetida à conquista pioneira e, por consequência, num tempo mais ou menos curto, a uma completa transformação da paisagem. É mais fácil definir onde ele começa do que determinar onde vai terminar, visto que tal limite se faz de maneira oportunista. Do ponto de vista econômico as fronteiras agrícolas são espaços de uma nova forma de valorização. No Brasil, como em numerosos países em via de desenvolvimento, a noção de fronteira é muito mais comumente percebida de uma maneira dualista, socioeconômica. Martins (1984) chama a atenção para dois momentos de ocupação dos novos territórios. O primeiro momento se dá pela *frente de expansão* onde o personagem característico é o *posseiro*. Nela reina o trabalho familiar e o excedente produzido eventualmente torna-se mercadoria. O segundo momento é aquele da *frente pioneira*, onde o personagem dominante é o *proprietário capitalista*, que faz prevalecer o domínio do capital e da mercadoria para o circuito comercial.

Assim, na marcha do capital para o campo, ou para as terras sem homens, numerosos autores caracterizam os pioneiros por duas classes sociais opostas: o pequeno proprietário ou "sem terra" que se desloca em busca de assegurar sua subsistência e a de sua família, e o grande proprietário que busca expandir o seu capital.

O processo de colonização engloba fatores políticos, econômicos, ecológicos, sociais e humanos, inserindo-se, portanto, na história do país.

A importância e a originalidade da colonização no Brasil está na sucessão de ciclos econômicos, que se caracterizam pela conquista de terras virgens e pelo ganho considerável de áreas destinadas à produção agrícola. O fenômeno da colonização agrícola faz apelo à noção de fronteira que está em constante progressão. Ele constitui um verdadeiro fato social e representa, horizontalmente, o processo de reprodução da sociedade brasileira.

O processo de colonização, ao longo da história do Brasil, se deu por etapas, obedecendo ao movimento este-oeste, e foi movido pela produção de matérias-primas voltadas para o mercado internacional. Esta é uma das razões da sua fragilidade.

Nos últimos decênios, a expansão da fronteira se constitui para o Estado um meio de controlar sua população e de responder aos interesses dos mercados internacionais. A "colonização agrícola" é, para os capitalistas, a possibilidade de enriquecimento pela aquisição de grandes extensões de terras e, para os mais pobres, um meio de sobrevivência.

Desde o início dos anos 60 foram criados vários planos de desenvolvimento para o Brasil (SUDAM, SUDECO, SUDENE, SUDESUL); eles correspondem a planos regionais. O primeiro Plano de Integração Nacional (1970) atribui uma importância central ao desenvolvimento da "Nova Amazônia". Isto se faz pela delimitação de um espaço geopolítico: "Amazônia Legal", à base de um conjunto de organismos burocráticos tais como o BASA (Banco da Amazônia), o FIDAM (Fundos de Investimentos para a Amazônia), a SUDAM (Superintendência do Desenvolvimento da Amazônia), a criação de estradas indispensáveis, assim como uma política de estímulo à formação de polos agrícolas e industriais.

Se, de um lado, os brasileiros são motivados pelas perspectivas e fantasias de se tornarem proprietários de terras, de outro, a pobreza e o crescimento da população reforça o contingente de migrantes. A Figura 5, "Evolução da População Brasileira", mostra que a tendência rural-urbana se inverteu rapidamente; não resta atualmente senão 1/3 de rurais malgrado um ganho de mais de cem milhões de hectares de terras virgens.

No Brasil, vários processos, sobretudo o monopólio da terra e a monocultura, promovem a expulsão da população do campo. Se de um lado as cidades não estão preparadas para receber esse contingente numeroso, de outro, a agricultura mecanizada passou a produzir mais e melhor.

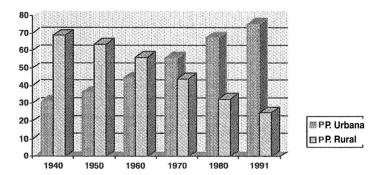

FIGURA 5 – Evolução da população no Brasil (%) – 1940-1991.

A grande mobilidade da população brasileira se caracteriza por uma fuga da região Nordeste em proveito das grandes aglomerações (São Paulo, Rio de Janeiro, Belo Horizonte), isto é, para a região Sudeste, provocando uma aglutinação na periferia dessas grandes cidades e vindo a aumentar o número de pobres. Entre 1980 e 1990, o oeste dos estados de São Paulo e Minas Gerais conheceu, ao contrário, uma regressão de seus habitantes. O movimento pioneiro se fez em direção do Pará, Rondônia e Mato Grosso, isto é, para a Amazônia Legal, que detém a mais forte taxa de crescimento populacional (exceto Maranhão e Acre), mas a fraca densidade que existia nessas zonas relativiza esse crescimento – a ampliação do território efetivamente ocupado não absorve um enorme potencial da população. Entretanto, o avanço para oeste é significativo.

A Figura 6 mostra o esquema dos "arranjos macrorregionais", onde está destacado o papel da região Sul como centro difusor de "excedentes populacionais das áreas de colonização europeia" (pequenos proprietários alimentando o avanço das frentes pioneiras)[3] e da região Sudeste na difusão de "capitais nacionais e

---

[3] A partir de meados da década de 1970 até meados da década de 1980, era possível com o valor da venda de 1 hectare de minifúndio no Sul do Brasil comprar até 300 hectares de terras no Centro-Oeste.

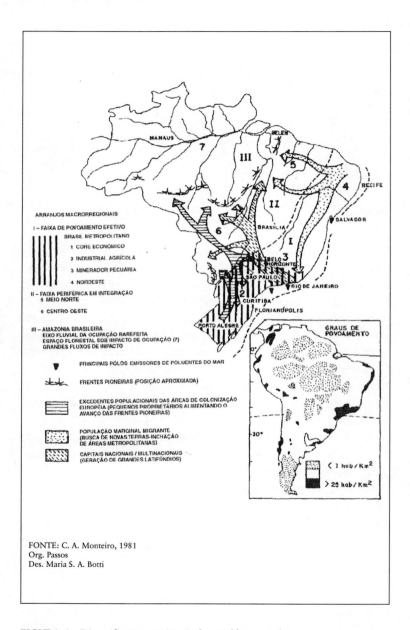

FIGURA 6 – Diversificações regionais dos problemas ambientais.

AMAZÔNIA: TELEDETECÇÃO E COLONIZAÇÃO 61

multinacionais" que se dirigem, sobretudo, à agricultura mecanizada/moderna dos cerrados e à formação de grandes latifúndios.[4]

As políticas governamentais até 1964 para a economia brasileira tiveram um caráter aleatório e isolado, sempre respondendo às oscilações do mercado internacional. A partir da tomada do poder pelos militares (março/1964), há uma redefinição capitalista que se caracteriza por uma dinâmica de reprodução de capitais em bases políticas e institucionais bem definidas e expressas claramente nos planos de desenvolvimento. Instituiu-se toda uma política socioeconômica "que incentiva todas as formas de concentração de capitais segundo uma linha de argumentação que ressalta a eficiência e a produtividade atribuídas dominantemente às economias de escala" (CEPLAB, 1979).

Nos 21 anos dos governos militares (1964-1985), a política brasileira se orientou pelos princípios da segurança e do desenvolvimento. Tratava-se de obter altos índices de crescimento econômico sob o controle do Estado, a fim de se atingir os "objetivos nacionais permanentes" sintetizados na meta do Brasil-Potência: ingresso do Brasil no mundo desenvolvido até o final do século.

Sendo o *capital* fator internamente escasso, os níveis de acumulação passaram a perseguir uma nítida e acentuada tendência para a concentração e o monopólio – e isso como constante dirigida a todas as formas: agricultura, indústria, bem como nos diferentes setores como o financeiro, imobiliário etc. Sob tal ímpeto de diversificação, o capital dirige-se à terra (fator fixo) no maior sentido de expansão espacial, buscando atuar e apoderar-se de áreas

---

4 Em linhas gerais, pode-se afirmar que até 1930 a "Amazônia Matogrossense" estava na condição de "território de conquista", ocupada por índios e sustentada por uma economia extrativista. Entre 1930 e 1960, chegam os posseiros, vindos da Região Nordeste, sobretudo, que atravessavam o Rio Araguaia em busca de pastagens para o gado e de terras para roças (culturas) de subsistência. Era o clã familiar, gente humilde, buscando uma vida melhor. Embora tenham ocorrido conflitos entre os posseiros e índios, prevaleceu a acomodação, a "convivência". Esta terra, como muita terra do interior do Brasil e da América Latina, era considerada terra de ninguém – espaços vazios, a serem ocupados, produzidos, valorizados. Na verdade, ela estava ocupada por índios e posseiros.

virgens de setores inexplorados. Um amplo movimento de multiplicação de oportunidades de investimentos dirigiu-se do "core" econômico no Sudeste para múltiplas fronteiras nos espaços nordestinos, do Centro-Oeste e da Amazônia. E o modo de dirigir-se "à terra" passou a se revestir de uma agressividade em termos antes não atingidos.

Segundo observou Sternberg (1979) passou-se a "proceder a toda a pressa e custe o que custar, à abertura e valorização dos espaços vazios, cuja aparente improdutividade correria o risco de ser interpretada como marca de uma inoperância oficial".

A história recente da inserção da *Amazônia Legal* ao capital oligopolista – nacional e internacional – é detonada quando o então ministro do Planejamento, Roberto Campos, lança em 1965, a bordo do Transatlântico *Rosa da Fonseca*, a *Operação Amazônia*.

A *Operação Amazônia* tinha como objetivo criar *polos de Desenvolvimento*, estimulando a imigração e a formação de grupos autossuficientes, proporcionando incentivos a investimentos privados, promovendo desenvolvimento de infraestrutura e pesquisas sobre o potencial dos recursos naturais.

Existem muitas razões para a retomada da atividade federal na Amazônia, variando das humanitárias até as econômicas e geopolíticas.

Em 1970, o *projeto de modernização acelerada* proposto por Campos é redefinido e, com apelos ideológicos, é lançado o *Plano de Integração Nacional* (PIN), através do Decreto-Lei nº 1.106, que, com uma parcela de 30% de fundos de incentivos fiscais, financiaria uma estrada, a Transamazônica (BR-230), de 5 mil quilômetros!

O deslocamento de camponeses de áreas submetidas à "pressão demográfica" é oficializado, e o discurso de *ligar o homem sem terra do Nordeste à terra sem homem da Amazônia* é posto em prática, de forma caótica e socialmente injusta.

Uma das modalidades de investimentos mais valorizadas – já na concepção da ocupação recente da Amazônia – foi a dos *Projetos Agropecuários*, os quais se definem com excessiva agressividade em relação aos recursos naturais e às populações amazônicas.

No governo do general Geisel (1974-1978) instituiu-se o POLAMAZÔNIA, como forma de facilitar, ainda mais, a entrada do capital oligopolista na região. No sentido de atrair grandes grupos econômicos a participarem de projetos na região Norte, o governo oferecia grandes vantagens: terras em grande extensão, disponíveis e baratas, ao lado de financiamentos subsidiados e incentivos fiscais.

O próprio Instituto Nacional de Colonização e Reforma Agrária (INCRA) altera os seus objetivos segundo o momento político, como, por exemplo, quando muda a *colonização social* de opção pelos camponeses mais pobres (1970-1974) para a *colonização comercial*, caracterizada pela venda de terras a grandes fazendeiros (1975-1979).[5]

---

5 A Associação de Empresas da Amazônia (AEA), com sede em São Paulo, criada em 1968 como grupo de pressão de interesses industriais sulistas, que defendia o financiamento subsidiado de suas novas empresas de criação de gado na Amazônia, exerceu forte influência sobre a formulação da política oficial para a região e aplicou pressão decisiva para obter renovada ênfase na criação de gado, às expensas dos pequenos agricultores. O Ministério do Planejamento, conjuntamente com o Banco da Amazônia (BASA), organizou diversas visitas de empresários do Sul à Amazônia, encorajando-os a investir em projetos de criação e colonização privados, sobre o fundamento de que apenas as grandes companhias "podem tirar vantagem racional do imenso potencial da Amazônia". Durante uma dessas viagens, organizada em 1973 para vinte grandes empresários, incluindo o presidente da Volkswagen do Brasil (Wolfgang Sauer) e o do Bradesco (Amador Aguiar), autoridades civis defenderam o papel da empresa privada. O ministro do Planejamento, Reis Veloso, criticou a "ocupação predatória" pelos pequenos agricultores e apelou às grandes firmas para que "assumissem o trabalho de desenvolver a região". O ministro do Interior, general José Costa Cavalcanti, endossou essas ideias, alegando que "O futuro da Amazônia está nas mãos dos empresários, sejam eles brasileiros ou estrangeiros, uma vez que o Brasil perdeu seu medo do capital estrangeiro" (Pompermayer, 1984 in Branford & Glock, 1985, p.70-1).
Uma acentuada divergência de opinião tornou-se clara nesse momento entre o INCRA (Ministério da Agricultura) e sua política de "colonização social", por um lado, e por outro, a SUDAM (Ministério do Interior) que apoiava os interesses representados pela AEA. Perto do fim do governo Médici, José Francisco Moura Cavalcanti, o novo ministro da Agricultura e ex-diretor do INCRA, e Walter Costa Porto, o novo presidente do INCRA, tentaram defender a política de colonização dirigida em termos de reduzir a inquietação

O alargamento da fronteira tem sido maior para o Centro-Oeste – áreas de cerrado e periferia Amazônica – e para o Meio-Norte, oeste da Bahia, sul do Piauí e oeste do Maranhão. No interior da Amazônia, as áreas agrícolas (excluídos alguns projetos especiais) ligaram-se às faixas de 100 km laterais às grandes rodovias, num sistema de "colonização" em que a predação tem sido mais notável do que os lucros obtidos.

A Amazônia e o Centro-Oeste sofreram grandes impactos da política dos governos militares. A Amazônia, identificada com a borracha, e o Centro-Oeste, com a pecuária extensiva, vão ter suas economias diversificadas.

O governo federal comandou a ocupação desses amplos espaços do território nacional visando a suas potencialidades e a acabar com um vazio perigoso para a segurança nacional. Aproveitando as condições naturais favoráveis, tratava-se de produzir cereais, carne, minérios e madeira para o mercado internacional.[6]

A partir dos anos 60, o governo federal adotou uma política de incentivos fiscais regionais, tentando ampliar a capitalização dessas áreas por meio de deduções do imposto de renda das pes-

---

social e usar a Amazônia como uma "válvula de escape" para as pressões sociais que se avolumavam em outras áreas do Brasil. A SUDAM, no entanto, continuou seus ataques à política do INCRA e, em 1973, seu recém-nomeado superintendente, coronel Câmara Sena, descreveu a Amazônia como "uma região feita para a criação de gado, com excelentes pastagens naturais e abundância de espaço para a expansão desse setor que, por essa razão, formará a base de sua integração econômica" (Foweraker, 1981 e Cardoso & Muller, 1977, in Branford & Glock, 1985).

6 Em 1974, o Banco Mundial emprestou 6 milhões de dólares ao Brasil para a criação de gado, a fim de fomentar as exportações de carne beneficiada, de acordo com sua política, em princípios da década de 1970, de estimular investimento em aparentemente lucrativas grandes fazendas de criação durante o período de altos preços de carne. O Brasil foi na verdade o quarto maior contemplado com empréstimos do banco para a criação, após o México, a Colômbia e o Paraguai, com cerca de 150 milhões de dólares concedidos a projetos dessa natureza. Após 1974, contudo, os empréstimos do banco à criação comercial em grande escala diminuíram por várias razões, incluindo uma queda substancial nos preços mundiais da carne, e uma mudança na política da instituição para programas de desenvolvimento integrados, visando "combater a pobreza", além de uma reorganização interna (Jarvis, 1986).

AMAZÔNIA: TELEDETECÇÃO E COLONIZAÇÃO   65

soas jurídicas, visando à aplicação em projetos de interesse para o desenvolvimento econômico regional. Tal diretriz vai provocar mudanças evidentes na estrutura fundiária, visto que esses recursos puderam ser aplicados em projetos agropecuários. De um total de 549 projetos que receberam incentivos fiscais entre os anos de 1965 e 1977, na área da SUDAM, 335, mais da metade do total, foram os projetos agropecuários. Na realidade, a iniciativa privada do Sul e do Sudeste foi chamada para intervir nestas regiões e aí aplicar recursos próprios e aqueles deduzidos do imposto de renda.

Em termos históricos, o modelo assimétrico de propriedade da terra no Brasil reproduziu-se fielmente à medida que a fronteira agrícola avançava do Nordeste e Centro-Sul para o Centro-Oeste e Amazônia. A despeito de suas imperfeições, os dados mais recentes do censo de 1985 mostram claramente o grau de concentração da terra em estados da Amazônia Legal.

Na Amazônia como um todo, cerca de 91% das terras colonizadas entre 1970 e 1980 foram ocupadas por fazendas de mais de cem hectares; no mesmo período, a área ocupada por fazendas de mais de mil hectares subiu de 48% para 58,5% (Martins, 1985; Instituto Brasileiro de Análises Sociais/IBASE, 1984). Nos estados de Mato Grosso, Pará, Maranhão e Goiás, as pequenas propriedades, de menos de cem hectares, respondem por algo entre 55% e 85% das propriedades, mas uns meros 3% a 21% da terra agrícola. Reciprocamente, as grandes propriedades de mais de mil hectares formam cerca de 0,5% a 7% das unidades, mas ocupam entre 41% e 84% da terra arável. O caso mais extremo é o de Mato Grosso, onde os pequenos agricultores com menos de cem hectares representam 70% do total dessa classe, mas cultivam apenas 3% da terra, enquanto 7% dos proprietários, com mais de mil hectares, possuem 84% da área cultivada.

Essa distribuição profundamente assimétrica da terra no Brasil, revelada por esses números agregados, reproduziu-se em todas as regiões ocupadas no país, incluindo as fronteiras da Amazônia Legal. A ideia da Amazônia como um espaço vasto, fértil e vazio, pronto para absorver permanentemente as massas famintas de terra do Nordeste e do Sul do Brasil,[7] foi desmascarada, no contexto do corrente ambiente da política agrária, como um mito. As primeiras ondas de migrantes pioneiros, nas décadas de 1950 e 1960, foram logo seguidas pelos grandes proprietários e interesses comerciais, ansiosos para se locupletarem dos generosos incentivos dados pelo governo, com a instalação de fazendas de criação de gado, atividades madeireiras e de outro tipo, bem como para simplesmente deixar ociosa a terra como garantia especulativa contra a inflação. Embora nas fases iniciais da colonização haja ampla oportunidade para pequenos agricultores criarem um meio de sustento na Amazônia, o ingresso subsequente de capital comercial e especulativo torna a lua de mel de curta duração, e eles passam a sofrer a pressão crescente para abandonar suas terras, que são absorvidas pelas empresas maiores. Esse padrão reflete-se claramente nas estatísticas sobre propriedade nas zonas de fronteira mais antigas, onde a terra está se tornando tão concentrada como em todo o resto do país.

2.2 O desmatamento

É difícil definir com precisão as cifras concernentes ao desmatamento de florestas e de cerrados na Amazônia Legal. Entre 1,5 e 1,8 milhão de km^2 de florestas e cerrados seriam destruídos a cada ano no Brasil. Para a Amazônia Legal, Fearnside avalia em 426 mil km^2, ou seja, 10% da superfície. A evolução da destruição conheceu uma taxa média de crescimento de 22 mil km^2 por ano, de 1978 a 1988. Entre 1989 e 1991, a taxa de desmatamento caiu para 11 mil km^2 por ano. Graças à utilização de imagens de satélites de diferentes captores (LANDSAT TM,

---

7 *Uma cruz em Terra Nova* (N. Schwantes, 1989) narra – com muita propriedade – a experiência vivida, no início da década de 1970, pelos pequenos proprietários (minifundiários) de Tenente Portela (norte do Rio Grande do Sul) que migraram para as terras de cerrado do Centro-Oeste, mais especificamente, para o médio Vale do Araguaia.

NOAA e SPOT), são realizados estudos sobre a destruição da fauna e da flora pelo INPE (Instituto Nacional de Pesquisas Espaciais). A Figura 7 mostra a evolução dos espaços desmatados do Mato Grosso, a partir dos dados satelitares de LANDSAT TM.

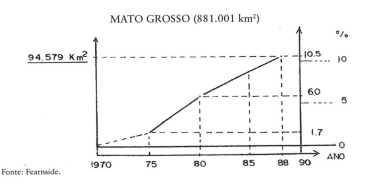

Fonte: Fearnside.

FIGURA 7 – Evolução dos espaços desmatados de Mato Grosso.

A Figura 8 mostra a evolução da área desmatada no Estado de Mato Grosso, sob autorização do Instituto Brasileiro de Desenvolvimento Florestal – IBDF, no período de 1980-1986.

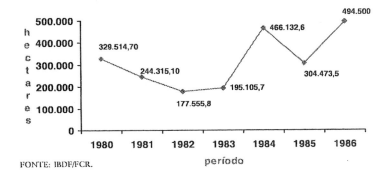

FONTE: IBDF/FCR.

FIGURA 8 – Mato Grosso: área desmatada – 1980-1986 (autorizada pelo IBDF).

Em 1991, a parte da área desflorestada em Mato Grosso, destinada à formação de pastagens, atingiu 26% do total dos espaços queimados na Amazônia Legal. No caso de Mato Grosso, sobre os 881.001 km² de sua área total, o INPE estabeleceu que 67.216 km² de florestas foram suprimidos em 1988; este Estado, ao lado do Pará, conhece a mais elevada desflorestação desde a metade da década de 1970. Mas é preciso ser prudente na interpretação das estimações que são feitas, por muitas razões:

- a complexidade da paisagem vegetal em "filetes"/"dedos" e em "ilhas" na fronteira entre a floresta e os cerrados nesta região. Uma parte da confusão reside na avaliação das áreas de cerrados, visto que não se precisou com exatidão as áreas de florestas, de cerradão e de cerrado, propriamente dito;

- o fato de não se recalcular os espaços florestais que resistiram;

- o problema da falta de provas para reconhecer a vegetação original;

- a resolução espacial e temporal dos satélites. Segundo o tamanho dos pixels, um pequeno fogo pode ser interpretado como um grande fogo, ou dois fogos como um único;

- há uma certa dificuldade em distinguir "queimadas de pastagens" de "queimadas de culturas" (notadamente de cana-de--açúcar), daquelas de cerrados e mesmo de florestas. Assim, se faz uma sub ou superestimação.

A Figura 9 chama a atenção para os índices de desmatamento na Amazônia Legal. No início dos anos 90, os principais focos de desmatamento estavam no sul do Pará e em Mato Grosso. A crise econômica, consubstanciada no fim dos subsídios, na redução dos financiamentos por parte dos bancos internacionais, na maior eficiência dos órgãos de fiscalização ambiental (IBAMA, entre outros) etc., contribuiu para uma desaceleração das taxas de desmatamentos anuais, apesar de observar-se o uso dessa prática por parte dos pequenos e médios proprietários, mesmo porque esta é uma maneira de se garantir a efetiva posse da terra.

Fonte: *Folha de S.Paulo*, 4.1.1992.

FIGURA 9 – O desmatamento na Amazônia Legal.

A intensidade da desflorestação diminui à medida que o tamanho das explorações aumenta.

Em 1990 as grandes fazendas queimaram aproximadamente 29 mil ha/ano contra 20 mil ha/ano em 1991. Os pequenos agricultores teriam, nesse mesmo ano, destruído 30% da floresta na Amazônia Legal.

3 O POVOAMENTO DO CENTRO-OESTE

O Centro-Oeste brasileiro se compõe dos estados de Goiás, Mato Grosso, Mato Grosso do Sul, Rondônia e do Distrito Federal. Com mais de 2 milhões de km², 25% da superfície do Brasil, ele recobre uma parte da floresta amazônica ao norte e uma parte dos cerrados ao sul, onde se encontram algumas regiões de solos férteis, antigamente cobertas de florestas tropicais e que foram as primeiras zonas de ocupação agrícola desde 1930. Sua base econômica e política foi sempre agrícola. O censo de 1980 acusou uma população de mais de 8 milhões de habitantes (apenas 6,8% da população brasileira), o que representa, em relação a 1970, uma taxa de crescimento elevado: 56%, ou seja, 4,5% em média anual, o dobro da taxa nacional.

O Centro-Oeste brasileiro é considerado pelos poderes públicos uma região-solução para a maioria dos problemas do Brasil. O território pouco povoado, a "disponibilidade" de terras, a possibilidade de se avançar sempre para o oeste estimularam o avanço da fronteira agrícola que representa uma componente ideológica fundamental do consenso social, largamente manipulado pelos governantes. Na verdade trata-se de duas frentes pioneiras diversas: uma direcionada para as áreas de florestas e, a outra, para os cerrados com o objetivo de implantar uma agricultura moderna.

O Centro-Oeste, graças à sua extensão e situação, às vezes central e fronteiriça, constitui um jogo geopolítico. A fundação de Brasília, em 1960, e a criação de grandes eixos rodoviários ligando Belém a Brasília (norte-sul), Cuiabá a Porto Velho e Santarém (sul-norte-oeste e sul-norte) no quadro do Programa de Integração Nacional deveriam impulsionar a ocupação demográfica e o desenvolvimento econômico espontâneo.

Após o fracasso da colonização ao longo do eixo da Transamazônica, que deveria contribuir para a solução dos problemas do Nordeste, facilitando o acesso "dos homens sem terras às terras sem homens", os programas concernentes à Amazônia foram reorientados, em 1970, para supostas zonas prioritárias para a criação de infraestruturas (POLAMAZÔNIA, POLONOROESTE).

Entre 1970 e 1974, o Instituto Nacional de Colonização e Reforma Agrária – INCRA priorizou o assentamento de colonos pobres nos estados de Rondônia e Mato Grosso, conforme proposta do projeto POLONOROESTE, atendendo a três objetivos básicos: 1) *objetivo econômico*, ou seja, promover a agricultura, como meta de aumentar a produção de alimentos para abastecer o mercado interno e para a exportação; 2) *objetivo demográfico*, isto é, frear o êxodo rural e reorientar, para a Amazônia, o fluxo que se dirige para as grandes metrópoles do Sudeste; 3) *objetivo social*, diminuir as tensões sociais provocadas pelo latifúndio no Nordeste e pelo minifúndio no Sul do país.

O segundo projeto concerne aos cerrados, cujos solos eram avaliados como pobres e impróprios para a agricultura até 1970. A partir de fortes investimentos, graças aos progressos da agricultura e ao desenvolvimento das comunicações, os cerrados atraem os "sulistas" para as áreas de cerrados do Planalto Central, tendo a soja como carro-chefe de uma agroindústria exportadora. Nesse caso, priorizam-se os agricultores provenientes da região Sul, mais aptos e capazes para desenvolver uma agricultura moderna e competitiva voltada, essencialmente, para os mercados internacionais.

3.1 O fluxo migratório

O deslocamento do significativo contingente populacional para o Centro-Oeste deve ser entendido dentro do contexto nacional das décadas de 1970-1980. Pois, ao lado de políticas públicas e privadas de estímulo à migração para os principais estados do Centro-Oeste, nunca é demais lembrar a reorganização/reformulação da agricultura brasileira, como, por exemplo, a substituição do café pela soja no Estado do Paraná.

O Quadro 2 chama a atenção para os principais fluxos de população para os estados do Centro-Oeste brasileiro.

O Paraná é sem dúvida o Estado brasileiro que expulsou o maior número de migrantes. Mais de 1,2 milhão de pessoas o deixou entre 1970 e 1980. Antiga região de fronteira, extensão da "marcha do café" que atingiu o seu apogeu no início dos anos 60 e que permitiu o acesso à terra para numerosos pequenos agricultores graças à operação de colonização dirigida sobre terras férteis, o Paraná retoma a situação de fronteira agrícola com o

72 MESSIAS MODESTO DOS PASSOS

programa de eliminação dos cafezais e o desenvolvimento da cultura da soja. Mas essa fronteira "moderna" é uma fronteira que expulsa os pequenos proprietários incapazes de sustentar a concorrência de uma cultura mecanizada que necessita de superfícies extensas, de muito capital, de uma boa matriz de financiamentos e que emprega pouca mão de obra.

Quadro 2 – Fluxo populacional para o Centro-Oeste

De Estado para Estado	Número de migrantes
1. Paraná – Mato Grosso do Sul	98.571
2. Paraná – Mato Grosso	96.877
3. Paraná – Rondônia	95.406
4. Goiás – Distrito Federal	86.135
5. Minas Gerais – Goiás	83.374
6. Minas Gerais – Distrito Federal	76.181
7. São Paulo – Mato Grosso do Sul	74.885
8. Mato Grosso do Sul – São Paulo	68.428
9. Goiás – Pará	65.073
10. Goiás – Minas Gerais	58.011
11. Distrito Federal – Goiás	54.791
12. Rio de Janeiro – Distrito Federal	52.018
13. Mato Grosso – Rondônia	43.754
14. Goiás – Mato Grosso	39.705
15. Ceará – Distrito Federal	39.693
16. Piauí – Distrito Federal	38.517
17. São Paulo – Mato Grosso	35.577
18. Maranhão – Distrito Federal	33.824
19. Maranhão – Goiás	33.612
20. Bahia – Distrito Federal	33.271
21. Goiás – São Paulo	31.678
22. Mato Grosso do Sul – Mato Grosso	29.991
23. São Paulo – Goiás	29.511
24. Mato Grosso do Sul – Rondônia	27.201
25. Minas Gerais – Mato Grosso	27.121
26. Bahia – Goiás	26.921
De região para região	
Nordeste – Distrito Federal	197.951
Sudeste – Distrito Federal	153.498
Goiás – Centro-Oeste	136.360
Sul – Mato Grosso	118.216
Sul – Mato Grosso do Sul	116.365
Sul – Rondônia	107.060
Nordeste – Goiás	101.486
Centro-Oeste – Distrito Federal	91.503

Fonte: IBGE – Censo Demográfico, 1980, v.1, t.4, n.1.

3.1.1 As zonas de povoamento no Estado de Mato Grosso

Aubertin (1984), a partir do cruzamento entre duas variáveis (a densidade em 1970 e o crescimento da população rural), elabora uma análise da distribuição da população no Estado de Mato Grosso e, então, define cinco grandes zonas demográficas e econômicas (Figura 10). A explicitação dessas zonas – conforme o texto abaixo – está sustentada nessa análise de Aubertin.

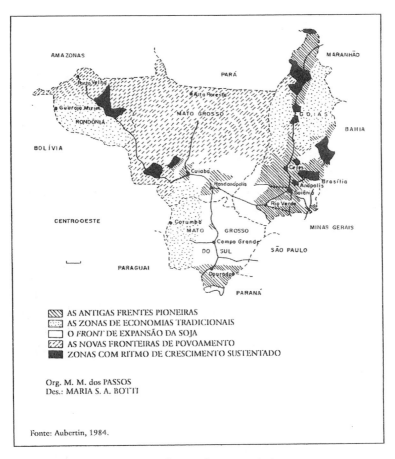

FIGURA 10 – As grandes zonas demográficas e econômicas.

3.1.1.1 As zonas de antigas frentes pioneiras

Caracterizam-se por êxodo rural – a partir de 1970 – e malha urbana densa.

Essa combinação se encontra especialmente: (a) no centro-sul do Estado de Goiás; (b) em algumas manchas ao norte, ao longo da rodovia Belém-Brasília; (c) no sudeste da região – junto à fronteira com o Estado da Bahia; (d) no centro-sul de Mato Grosso do Sul; (e) na grande Campo Grande; (f) na grande Cuiabá e (g) no centro-sul de Mato Grosso.

Essas zonas correspondem a antigas colonizações agrícolas abertas pelos poderes públicos nos anos 40 e 50 (Ceres, 1940; Dourados, 1943; Rondonópolis, 1951) para acolher pequenos agricultores sem recursos, na maioria provenientes do Nordeste, sobre pequenos lotes (entre 30 e 50 ha) reservados às culturas de subsistência e ao café. Instaladas sobre as terras férteis de antigas florestas tropicais, preteridas pelos grandes fazendeiros, essas colonizações dinamizaram suas regiões e se mantêm, até então, entre os principais centros agrícolas produtivos do Centro-Oeste. O tamanho do lote permitiu a instalação de uma população relativamente densa, organizada em torno de pequenas cidades de apoio para a agricultura.

Vários fatores vão refletir na aceleração do processo de êxodo rural: o parcelamento das propriedades por herança; a perda da fertilidade em consequência do não emprego de fertilizantes e de técnicas de conservação do solo; a especulação sobre as terras favorecidas pelo desenvolvimento das vias de comunicação; o sistema de crédito, que favorece os grandes proprietários e as culturas de exportação; o desenvolvimento de uma economia de mercado, caracterizada por uma forte concorrência e elevação das necessidades monetárias – favorecendo a concentração de terras, o avanço de uma agricultura mecanizada moderna e da pecuária –, atividades pouco exigentes de mão de obra.

3.1.1.2 As zonas de economias tradicionais

Caracterizam-se por baixa densidade rural e malha urbana pouco expressiva. Essas zonas recobrem aproximadamente a metade da superfície total do Centro-Oeste. Elas foram ocupadas por atividades tradicionais – agricultura e pecuária – já antigas. A partir do início da década de 1980 passaram por diferenciações econômicas e demográficas distintas, definindo duas zonas: uma de economia estagnada e outra caracterizada pela modernização da agricultura.

As zonas de economia estagnada apresentam-se relativamente preservadas mas não isoladas: (a) Ilha do Bananal; (b) reserva indígena; (c) Parque Nacional do Noroeste de Goiás; (d) Pantanal Matogrossense; (e) Vale do Guaporé – na metade sul de Rondônia.

O desenvolvimento das vias de comunicação ferroviária (a estrada de ferro São Paulo-Campo Grande, construída entre 1908 e 1914) e rodoviária (Belém-Brasília, aberta nos anos 50, Cuiabá--Porto Velho, totalmente asfaltada em 1985) abre o Centro-Oeste para os mercados de São Paulo e vai concorrer para a dinamização da economia regional.

As zonas de modernização da agricultura recobrem as vastas zonas de cerrados (sudoeste de Goiás, sudeste de Mato Grosso e centro e leste de Mato Grosso do Sul). Elas se caracterizavam por uma pecuária muito extensiva e pouco produtiva, utilizando-se de pastagens naturais e pouca mão de obra.

A expansão da soja para os "solos de cerrados" encontra uma conjunção de fatores naturais (topografia plana sob latossolos permeáveis – favoráveis à mecanização, fotoperiodismo apropriado etc.), de mercado (terras baratas, preços internacionais competitivos etc.) e políticos (incentivos fiscais associados à vontade política de deslocamento dos pequenos proprietários "sulistas" para o Centro-Oeste etc.) que foram determinantes para o grande e dinâmico avanço das frentes pioneiras que chegaram ao sudeste de Goiás, a Mato Grosso do Sul e ao sul de Mato Grosso.

3.1.1.3 As fronteiras de povoamento

Caracterizam-se por fraca densidade rural, apesar da elevada taxa de crescimento populacional motivada pela chegada das frentes pioneiras e, ainda, por uma explosão da rede urbana. As fronteiras de povoamento são encontradas: (a) em todo o norte de Mato Grosso; (b) na metade norte de Rondônia; (c) no noroeste e no centro de Goiás; (d) em manchas no centro de Mato Grosso do Sul e (e) no sul de Mato Grosso.

As "novas fronteiras" reagrupam as zonas de colonização pública do INCRA em Rondônia, especialmente destinadas aos migrantes sem recursos e organizadas sobre a base de proprietários de lotes de 100 ha, e as zonas de colonização privada de Mato Grosso que recebem pequenos e grandes proprietários do Sul, na maioria do Paraná. A consolidação desse processo está diretamente relacionada aos investimentos e à idoneidade da empresa de colonização.

A Figura 11, elaborada a partir de dados estimativos da Fundação Cândido Rondon – FCR e do Instituto Brasileiro de Geografia e Estatística – IBGE, mostra a evolução da população rural e urbana do Estado de Mato Grosso, com predomínio dessa última, embora a organização do espaço se apoie no "modelo agropecuário" de ocupação do território.

A evolução da divisão político-administrativa do Estado de Mato Grosso se caracteriza por uma elevada dinâmica da criação de novos municípios, ampliando a rede urbana, conforme mostra a Figura 12.

O fenômeno mais surpreendente reside na urbanização acelerada dessa fronteira agrícola. As cidades são os refúgios dos migrantes (que não encontram terras) e de suas famílias (que não podem acompanhá-los para os lotes isolados e carentes de toda infraestrutura de saúde e educação); mas também dos colonos que não podem se manter sobre seu lote, que são expulsos por doenças, à força, pelo fracasso agrícola ou pela venda de seu lote. Nas colonizações privadas, a compra do lote urbano está ligada à compra do lote rural. A cidade é geralmente gerada pela sociedade de colonização. Os colonos não vivem, pois, sobre suas terras. O mercado de trabalho rural é a cidade. Os dados das Figuras 11 e 12 ilustram essa realidade, ou seja, que as frentes pioneiras se organizam, essencialmente, a partir das cidades.

Nunca é demais lembrar que o Estado de Mato Grosso apresenta municípios surgidos em diferentes momentos históricos (séculos XVIII, XIX e XX) e, portanto, a partir de motivos diferentes: a mineração, nos primeiros tempos da colonização, deu origem a Cuiabá, Diamantino; a criação de gado motivou a criação de Poconé; o extrativismo mineral, mais tardio, proporcionou a origem de Poxoréu etc.

Os diferentes momentos históricos em que se deram as fases de ocupação do território tiveram grande influência sobre a toponímia dos municípios, nomes estes ligados a personalidades (Rondonópolis); a rios da região (Jauru); à religiosidade (Nossa Senhora do Livramento); a nomes indígenas (Poxoréu); a companhias colonizadoras (Sinop); à origem dos migrantes (Porto Alegre do Norte), a recursos naturais (Acorizal) etc.

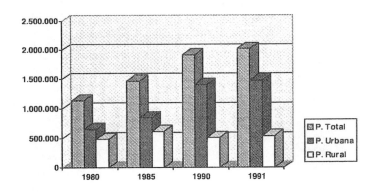

Fonte: Estatísticas Básicas do Estado de Mato Grosso/SEPLAN – 1980-1991.

FIGURA 11 – Mato Grosso: evolução da população rural e urbana – 1980-1991.

3 - Alta Floresta
9 - Apiacás
14 - Aripuanã
18 - Brasnorte
25 - Castanheira
32 - Cotriguaçu

48 - Juara
49 - Juína
50 - Juruena
59 - Novo Monte Verde
62 - Nova Bandeirantes
64 - Nova Canaã

66 - N. Horizonte do Norte
73 - Paranaita
82 - Porto dos Gaúchos
108 - Tabaporã
110 - Tapuran

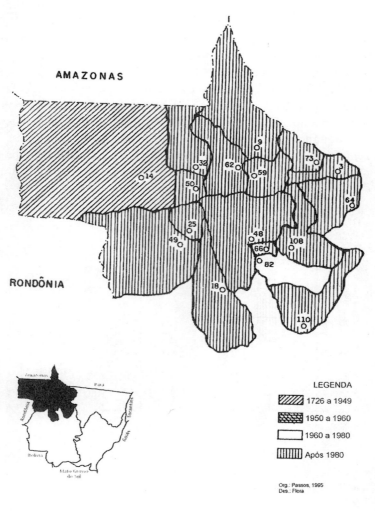

FIGURA 12a – Mato Grosso: divisão política/FCR/SEPLAN.

AMAZÔNIA: TELEDETECÇÃO E COLONIZAÇÃO

8 - Alto Boa Vista
24 - Canabrava do Norte
27 - Cláudia
29 - Colíder
31 - Confresa
40 - Gtã. do Norte
43 - Itaúba
54 - Luciara
55 - Marcelândia
56 - Matupá
65 - Nova Guaritã
76 - Peixoto de Azevedo

85 - Porto Alegre do Norte
88 - Querência
90 - Ribeirão Castanheira
96 - Santa Terezinha
97 - Santa Cármen
100 - S. Félix do Araguaia
104 - S. J. do Xingu
106 - Sinop
111 - Terra Nova do Norte
115 - Vera
117 - Vila Rica

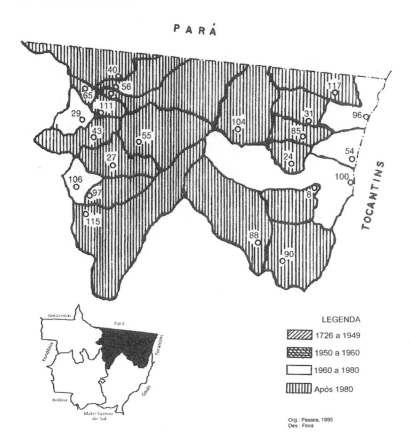

FIGURA 12b – Mato Grosso: divisão política/FCR/SEPLAN.

1 - Acorizal
6 - Alto Paraguai
11 - Araputanga
13 - Arenápolis
15 - Barra do Bugres
17 - Barão de Melgaço
19 - Cáceres
21 - C. Novos de Parecis
26 - C. dos Guimarães

30 - Comodoro
33 - Cuibá
34 - Denise
35 - Diamantino
37 - Fig. D'Oeste
39 - Glória D'Oeste
42 - Indiavaí
46 - Jangada
47 - Jauru

52 - Lambari D'Oeste
53 - Lucas R. Verde
58 - Nobres
60 - Nortelândia
61 - N. Sra. do Livramento
67 - Nova Mutum
68 - Nova Marilândia
69 - Nova Maringá
70 - Nova Olímpia

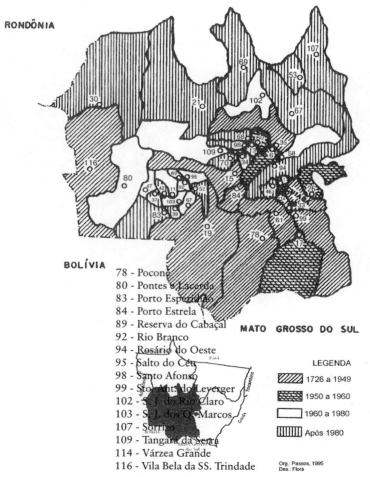

78 - Poconé
80 - Pontes e Lacerda
83 - Porto Esperidião
84 - Porto Estrela
89 - Reserva do Cabaçal
92 - Rio Branco
94 - Rosário do Oeste
95 - Salto do Céu
98 - Santo Afonso
99 - Sto. Ant. do Leverger
102 - S. J. do Rio Claro
103 - S. J. dos Q. Marcos
107 - Sorriso
109 - Tangará da Serra
114 - Várzea Grande
116 - Vila Bela da SS. Trindade

FIGURA 12c – Mato Grosso: divisão política/FCR/SEPLAN.

AMAZÔNIA: TELEDETECÇÃO E COLONIZAÇÃO 81

2 - Água Boa	36 - Dom Aquino	77 - Planalto da Serra
4 - Alto Araguaia	38 - Gen. Carneiro	79 - Ponte Branca
5 - Alto Garças	41 - Guiratinga	81 - Pontal do Araguaia
7 - Alto Taquari	44 - Itiquira	86 - Poxoréu
10 - Araguainha	45 - Jaciara	87 - Primavera do Leste
12 - Araguaiana	51 - Juscimeira	91 - Ribeirãozinho
16 - Barra do Garças	63 - Nova Brasilândia	93 - Rondonópolis
20 - Campinópolis	71 - Novo São Joaquim	101 - S. José do Povo
22 - Campo Verde	72 - Nova Xavantina	105 - S. Pedro da Cipa
23 - Canarana	74 - Paranatinga	112 - Tesouro
28 - Cocalinho	75 - Pedra Preta	113 - Torixoréu

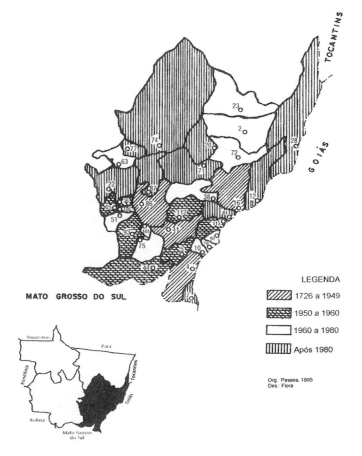

FIGURA 12d – Mato Grosso: divisão política/FCR/SEPLAN.

3.2 A colonização da Amazônia Matogrossense

O objetivo deste item não é analisar o processo de colonização da chamada Amazônia Matogrossense, mas chamar a atenção para os reflexos desse processo na transformação histórica da paisagem no Estado de Mato Grosso.

A inserção de Mato Grosso no mercado nacional e internacional, de forma mais incisiva e impactante, ocorre a partir da década de 1970,[8] portanto é um fenômeno muito recente e polemizado pela mídia e pela opinião pública de forma genérica e superficial.

A importância da "questão" e sua ideologização conduzem a uma documentação muito ampla mas fragmentária e heterogênea, incômoda de levantar, difícil de interpretar e árdua de sintetizar.

A pecuária extensiva e a mineração de garimpo, que deram sustentação ao povoamento de Mato Grosso até os anos 50, não propiciaram o surgimento de uma densa malha de cidades, como mostra a Figura 13. Além dessas duas atividades econômicas, chamam a atenção, no processo de povoamento inicial do atual território de Mato Grosso, as fortificações militares que foram instaladas na segunda metade do século XVIII.

"Cuiabá, sede do governo de Mato Grosso desde 1820, tinha em 1845 uns 6 a 7 mil habitantes, enquanto Diamantino tinha uns 1.500. Mato Grosso uns 1.000, Poconé uns 700 e Cáceres uns 600" (Castelnau, 1949).

Na primeira década do século XX, uruguaios montavam estabelecimentos em Mato Grosso: o Saladeiro Miranda (1907) e o

---

8   Até então, Mato Grosso era o Estado dos *matogrossenses*: muito contemplativo. A divisão estadual (1979) provoca a queda das oligarquias locais – que se sustentavam na pecuária. A partir dos anos 70, acontece a chegada dos "sulistas"... Esse pessoal trouxe dinheiro, iniciativas e outra cultura, no melhor momento dos incentivos fiscais e dos subsídios aos projetos agropecuárias dirigidos à Amazônia Legal. O resultado dessa "marcha do capital para o campo" está muito concretamente explicitado na paisagem: desmatamento, aprofundamento do lençol freático, eliminação da fauna, erosão, assoreamento, introdução de espécies vegetais exóticas, extensas áreas com monocultura, melhoramento genético do rebanho bovino, artificialização das pastagens etc.

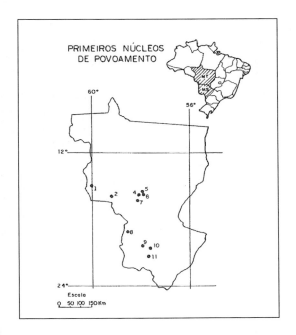

Legenda:

1. Vila Bela da SS. Trindade
2. Cáceres
4. N. Sra. do Livramento
5. Cuiabá
6. Sto. Antônio do Leverger

7. Poconé
8. Corumbá
9. Miranda
10. Aquidauana
11. Campo Grande

Fonte: Póvoas, 1985. In: Lamoso, 1994, p.35.

FIGURA 13 – Primeiros núcleos de povoamento.

Saladeiro Tereré, nas proximidades de Porto Murtinho. Na mesma época (1909) começou a funcionar o Saladeiro Barranco Branco, também nas proximidades de Porto Murtinho. Essas três instalações tinham capacidade de abate de 50 a 60 mil reses por safra e remetiam suas produções ao Rio de Janeiro e ao Nordeste, descendo o rio Paraguai (Ayala & Simon, 1914, p.293; e Arrojado Lisboa, 1909, in Mamigonian, 1984). As referidas charqueadas e o mercado favorável estimularam a multiplicação de outras na segunda década deste século, especialmente no sul de Mato Grosso, tanto no Pantanal como no Planalto. Em 1925 funcionavam 19 charqueadas no Estado inteiro, além de outras seis, paralisadas (ver Corrêa Filho, 1969) em virtude da crise dos anos 20.

Terras baratas e disponíveis – em condições favoráveis à pecuária extensiva – somaram-se ao isolamento geográfico e ao processo histórico do início da ocupação de Mato Grosso: extrativismo, fortificações militares etc., a fim de favorecer a expansão da pecuária, como mostra a Figura 14.

"Mato Grosso registrou 27.690 habitantes em 1800, e 29.801 em 1818, conforme dados dos seus governadores (ver Corrêa Filho, 1969, p.633-4), sendo 75% de negros, mulatos e outros mestiços, concentrados na quase totalidade ao norte, com exceção dos poucos dispersos nas fortificações militares de fronteira. Como Goiás, Mato Grosso surgiu no século XVIII com a extração de ouro e atravessava acentuada decadência econômica na primeira metade do século XIX. A queda da produção de ouro em Cuiabá e arredores não foi compensada pela extração de diamantes (distrito de Diamantino), liberada em 1805, mas igualmente decadente a partir de 1825-1830 (Castelnau, 1949, p.198). Entretanto, Mato Grosso, mais do que Goiás, possuía outra base de sustentação além das exportações decrescentes de ouro e diamante: as guarnições militares em Cuiabá e ao longo de suas extensas fronteiras" (Mamigonian, 1984, p.41).

Com a decadência das exportações de ouro e diamante, a economia da província vai se sustentar no extrativismo da *ipecacuanha*[9] e na agropecuária destinada ao abastecimento regional.[10]

---

9 Planta natural, abundante nos cerrados do SO do Mato Grosso (arredores de São Luís de Cáceres), cuja raiz tem qualidades medicinais, e que foi muito exportada para os laboratórios farmacêuticos da Europa, sobretudo entre 1830 e 1837 (Castelnau, 1949, p.105 e 168).

10 Por volta de 1844-1845, toda a área entre os rios Cuiabá, São Lourenço e Paraguai estava ocupada por grandes fazendas de criação, e aí se localizava a vila de Poconé, habitada "por uma das populações mais ricas do interior do Brasil, grandes criadores de gado, quase todos abastados e donos de oito a dez mil cabeças cada um" (Castelnau, 1949, p.342).

AMAZÔNIA: TELEDETECÇÃO E COLONIZAÇÃO   85

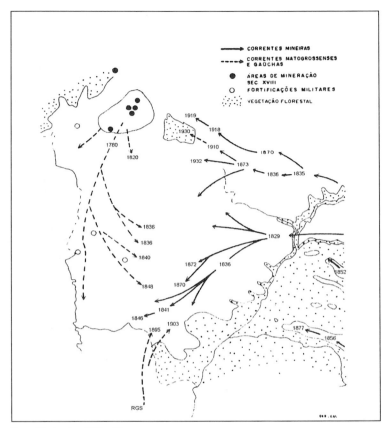

Fonte: Mamigonian, 1984, p.50.

FIGURA 14 – Expansão da pecuária em Mato Grosso e arredores.

Na verdade, a divisão política do Estado (1970) é um reflexo claro dessa situação: povoamento "concentrado" na baixada cuiabana, nos arredores de Diamantino e no sudeste; isolamento da cidade de Cáceres (guarnição militar instalada à margem esquerda do Rio Paraguai), de Vila Bela da Santíssima Trindade (primeira capital) e surgimento dos primeiros projetos de colonização no norte (Aripuanã, Porto dos Gaúchos) e no extremo nordeste (Luciara), conforme mostra a Figura 15.

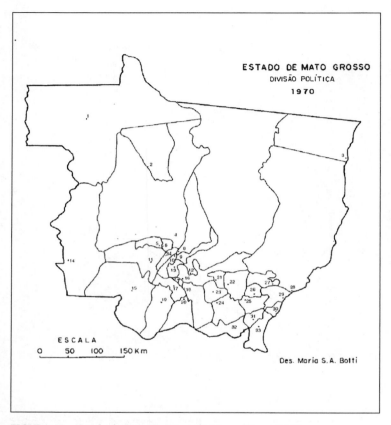

FIGURA 15 – Estado de Mato Grosso – divisão política – 1970.

Legenda:
1. Aripuanã
2. Juara
3. Luciara
4. Diamantino
5. Arenápolis
6. Nortelândia
7. Cuiabá
8. Nobres
9. Alto Paraguai
10. Denise
11. C. dos Guimarães
12. Nova Brasilândia
13. Rosário D'Oeste
14. Vila Bela SS. Trindade
15. Cáceres
16. Várzea Grande
17. N. S. do Livramento
18. S. Ant. do Leverger
19. Poconé
20. Barão de Melgaço
21. Juciara
22. Poxoréu
23. Juscimeira
24. Rondonópolis
25. Guiratinga
26. Pedra Preta
27. Gen. Carneiro
28. Barra do Garças
29. Ponte Branca
30. Araguaína
31. Alto Garças
32. Itiquira
33. Alto Araguaia
34. Santo Afonso

Nesse primeiro momento, os impactos ambientais sobre as paisagens foram pouco significativos, por duas razões: pecuária extensiva à custa de pastagens naturais (Pantanal e áreas de cerrado) e garimpos manuais.

Essa realidade começa a ser transformada quando a Fundação Brasil Central empreende o processo de colonização e povoamento do sul do Estado (região de Dourados), a partir de 1943, inquietando ainda mais os "nortistas" (Cuiabá), que vinham perdendo o poder político e econômico, sobretudo pela ligação de Campo Grande com São Paulo, via ferrovia, Estrada de Ferro Noroeste do Brasil[11] e, ainda, pelo poder político paralelo dos separatistas "sulistas" (Campo Grande).

A fim de neutralizar os efeitos da "Colonização de Dourados" no início da década de 1950, o governo do Estado de Mato Grosso, sustentado no Estatuto da Terra, reservou várias áreas devolutas de terra para a "Fundação de Núcleos Coloniais" (Lei 336 de 6.12.1949), com o intuito de povoar Mato Grosso abaixo do Paralelo 16.

A partir desse momento, opera-se uma efetiva divulgação da política de povoamento e colonização do norte do Estado, inclusive, com instalação de escritórios de representação estadual em São Paulo. O resultado imediato dessa vontade política foi a contratação de vinte empresas colonizadoras particulares de "comprovada experiência" pelo que haviam efetivado em outras regiões do país, notadamente nos estados de São Paulo e do Paraná, que no prazo de seis a oito anos deveriam medir, lotear, vender e povoar, com pelo menos trezentas famílias, cada um desses núcleos coloniais (Quadro 3), implantando a infraestrutura básica

---

11 Paralelamente às mudanças das vias de comunicação com o Rio de Janeiro, Mato Grosso registrou desde o século XIX deslocamento de seu centro econômico do norte para o sul, decorrente em parte da gradativa ocupação de sua parte meridional. O crescimento do sul favoreceu inicialmente Corumbá e desde 1920 vem favorecendo Campo Grande. A partir da divisão do Estado, com a criação do Estado de Mato Grosso do Sul, o norte se beneficiou de uma política de incentivos por parte do governo federal e passa a se revalorizar.

(núcleos urbanos, escolas, postos de saúde, campos de pouso para avião, estradas de penetração etc.).[12]

Conforme a farta documentação dos arquivos da extinta CODEMAT (Companhia de Desenvolvimento do Mato Grosso),[13] os trabalhos das colonizadoras se desenvolviam razoavelmente, quando, em 17 de junho de 1959, a União Federal moveu uma Ação Cível, perante o Supremo Tribunal Federal, denunciando o Estado e as colonizadoras,[14] o que resulta na paralisação imediata de todos os projetos e o retorno da maioria dos colonos à terra de origem ou para Cuiabá.

As colonizadoras, para minimizar os prejuízos sofridos, trataram então de negociar, cada uma a seu modo, com o governo do Estado, deixando os colonos em situação de isolamento e de precariedade. É bom lembrar que o colono típico desse momento de povoamento estava bem representado pela figura do "machadeiro": pessoa desprovida de recursos, que já havia experimentado alguns insucessos em outras regiões do país – Nordeste, São Paulo, norte do Paraná, sul de Mato Grosso/região de Dourados.

---

12 Lamoso (1994) desenvolveu Dissertação de Mestrado, sob minha orientação, na qual analisa o processo de ocupação da Amazônia Matogrossense, a partir do estudo de caso sobre o projeto de colonização particular, realizado pela Companhia Comercial de Terras Sul do Brasil, na década de 1950, no sudoeste do Estado de Mato Grosso, atual município de Jauru.

13 A CODEMAT surgiu primeiro como uma Comissão – "Comissão de Desenvolvimento do Fundo de Planejamento", em 1966. Em 1969 a CODEMAT foi extinta como comissão dando lugar à Autarquia "Companhia de Desenvolvimento de Mato Grosso – CODEMAT". Em 30 de abril de 1971 o governo estadual baixou o Decreto 1.138 outorgando à CODEMAT responsabilidade por todo o programa oficial de colonização do Estado, dando continuidade também aos projetos iniciados pela CPP e ainda não concluídos. Como as transações individuais de terras estavam suspensas, o acesso à terra era promovido pela empresa, via projetos e programas de colonização ou agropecuários. Ver: *Os (des)caminhos da apropriação capitalista da terra em Mato Grosso*, Moreno, 1993.

14 Há várias versões que procuram explicar as razões dessa Ação Judicial: motivo de segurança nacional, influência dos donos dos seringais e de poiaias etc. Ao que tudo indica, houve interfência da Fundação Brasil Central que se julgou prejudicada pelos empreendimentos das colonizadoras, visto que estas realizavam projetos em áreas anteriormente destinadas à Fundação.

AMAZÔNIA: TELEDETECÇÃO E COLONIZAÇÃO 89

Quadro 3 – Projetos de assentamentos e colonização do Estado de Mato Grosso

Início	Projeto/Município	Implantação	Área (ha)	Lote Médio (ha)
1909	P. Lacerda /P. Lacerda	1970 a 1985	3.396	1 a 60
1909	P. Esperidião / P. Esperidião	1954	18.000	20 a 26
1916	Mata Grande / Cuiabá	1920 a 1960	4.289	20 a 50
1916	Ponte Alta / Cuiabá	1920 a 1960	3.600	30
1939	Rio Mutum / Dom Aquino	1948	10.000	20
1940	C. Magalhães / Ribeirãozinho	1940 a 1960	28.419	30 a 60
1943	Rio Paraíso / Poxoréu	1952	8.450	20 a 30
1944	Pasc. Ramos / Cuiabá	anos 50	726	3 a 10
1945	Leonor / Cuiabá	1945	2.600	50
1947	F. S. Lourenço / Juscimeira	1948	18.000	60
1947	Rib. da Ponte / Cuiabá	1948	296	1 a 3
1947	Retiro / Rosário D'Oeste	anos 50	2.337	20 a 30
1948	Paulista / Rondonópolis	anos 50	3.212	20 a 30
1948	Macacos / Rondonópolis	1952	9.171	10 a 50
1948	Alto Coité / Poxoréu	1949	1.794	10 a 30
1948	Cel. Ponce / Campo Verde	1950/1960	867	10 a 30
1949	Naboreiro / Rondonópolis	anos 50	8.000	10 a 50
1951	Jarudore / Poxoréu	anos 50	3.600	20
1952	Ant. João / Poconé	anos 50	2.528	10
1952	Lambari / Poxoréu	anos 50	3.002	20
1953	Rio Branco / Rio Branco	1963 a 1975	200.000	20 a 100
1953	Jamaica-Boc. / C. Guimarães	anos 50	2.573	30
1953	Melgueira / Alto Paraguai	anos 50	3.600	25
1956	Prata / Juscimeira	anos 50/60	618	20 a 30
1962	Figueira / Poconé	anos 60	1.275	5 a 30
1963	Bauxi / Rosário D'Oeste	anos 60	4.000	30
1965	Barroso / Dom Aquino	1966	3.000	3
1965	Vila Nova / Guiratinga	anos 60	997	30 a 100
1972	Juína (1ª fase) / Juína	1976	248.153	50 a 3.000
1972	T. Rocha / Juína	1976	150 chácaras	
1972	Castanheira / Castanheira	1976	136.442	50 a 3.000
1972	Roosevelt / Aripuanã	1976	458.800	2.000 a 3.000
1972	Panelas / Aripuanã	1976	97.925	1.000 a 3.000
1972	Filinto Muller / Aripuanã	1976	307.000	50 a 2.000
1972	Gleba Lontra / Aripuanã	1976	11.250	100
1978	Cascata / Rondonópolis	1978	5.073	5 a 30
1980	Paranatinga / Paranatinga	anos 60/70	4.816	3 a 100
1983	Sonho Azul / Mirassol D'Oeste	anos 60/70	58	urbano
1987	Facão / Cáceres	1989	748	3 a 44
1988	Tancredo Neves / Poconé	1990	1.628	15 a 38
1988	Rio S. Lourenço / D. Aquino	1989	319	2 a 15
1989	Córrego Mutum / D. Aquino	1989	27	2
1989	Mata-Mata / Santo Antônio	1989	1.436	2 a 20
1991	Prod. Jaciara / Jaciara	1991	283	5

Fonte: CODEMAT.

O Quadro 3 retrata de modo claro os assentamentos e regularização fundiária do Estado de Mato Grosso efetuados pelo Estado através da CPP e da CODEMAT no período de 1951 a 1991. Percebe-se, pelos dados do Quadro 3, que o Estado seguiu uma política de distribuição de lotes de pequenas dimensões atendendo basicamente aos "machadeiros", garimpeiros e agricultores de poucos recursos financeiros. Mesmo assim, depara-se com algumas exceções como por exemplo o Projeto Juína/Juína, com lotes de tamanho entre 50 e 3.000 ha; o Projeto Roosevelt/ Aripuanã, com lotes de dimensões variando de 2.000 a 3.000 ha; o Projeto Panelas/Aripuanã, com lotes de dimensões entre 1.000 e 3.000 hectares, todos implantados a partir de 1972.

Essa política vai ter reflexos no povoamento e nas transformações da paisagem.

O Quadro 4, referente às "Colonizações dos anos 50 efetuadas pelo Estado de Mato Grosso, através de prestações de serviços com colonizadoras particulares", mostra uma nova realidade, determinada não apenas pela política estadual, mas, sobretudo, pela ação do governo federal na Amazônia Legal e, claro, na Amazônia Matogrossense.

Na política de incentivo à colonização particular, o governo do Estado de Mato Grosso oferecia três modalidades:

a) lotes de 10 mil ha;

b) lotes de 20 ha;

c) áreas de 200 mil ha para companhias particulares.

Os lotes de 10 mil hectares eram oferecidos a pessoas físicas que se dispusessem a promover a ocupação das terras.

Os lotes de 20 hectares eram distribuídos especialmente a garimpeiros para ocupação individual.

Os lotes de 200 mil ou mais hectares se destinavam aos núcleos de colonização.

O Departamento de Terras e Colonização, criado no governo de Fernando Corrêa da Costa (1950-1954), tinha como objetivo maior promover o povoamento do Estado, e o caminho foi atrair as companhias colonizadoras.

Quadro 4 – Colonizações dos anos 50 efetuadas pelo Estado de Mato Grosso, através de contratos de prestação de serviços com colonizadoras particulares

Colonizadora	Datas	Área (ha)	Área Máx. Lote (ha)	Localização
Soc. De Agricult. e Coloniz. Araraquara	10.12.51	200.000	1.000	Margem esq. Rio Araguaia-B. Garças
Soc. de Agricult. e Coloniz. Araraquara	10.12.51	200.000	1.000	Foz do Xingu (divisa com o Pará)
Empresa Colonizadora Rio Ferro Ltda.	15.01.52	200.000	1.000	Gleb. R. Ferro – SINOP
Cia. Agropecuária Extrat. Mariápolis CAPEM Ltda.	15.02.52	200.000	1.000	Núcleo da CAPEM – Sinop-Sorriso
Cons. Ind. Bandeirante de Inc. da Borracha S. A.	20.02.53	100.000	1.000	Rios Camararé e Primavera – V. Bela
Scrivanti, Siqueira e Cia.	20.02.53	200.000	1.000/2.000	M. esq. Rio das Mortes-B. do Garças
Cia. Agrícola Coloniz. MADI S. A.	22.05.53	270.000	2.000	Cáceres-Bar. Bugres-Tangará da Serra
Cia. Com. de Terras Sul Brasil S. A.	10.06.53	200.000	1.000	Jauru-Lacerda-Cácer
Const. e Comerc. Camargo Corrêa S. A.	01.08.53	200.000	1.000	M. dir. Teles Pires (paral. 11 e 12 LS)
Const. e Comerc. Camargo Corrêa S. A.	26.10.53	200.000	1.000	R. Verde-cabec. do Curupi .11°10'30"LS
Const. e Comer. Camargo Corrêa S. A.	27.10.54	200.000	1.000	Foz Curupi-m.direita
Cia. Colonizadora N. do Paraná Ltda.	13.08.53	100.000	1.000	M. R. Von D. Steinen
Cia. Coloniz. Cuiabá Ltda.	13.08.53	100.000	1.000	Sorriso
Coloniz. Imob. Real S. A.	13.08.53	100.000	1.000/2.000	S. Terezinha-R.Arag.
Col. Imob. V. do Araguaia S. A. CIVA	13.08.53	200.000	2.000	S. Terez.-R. Araguaia
Colonizadora Camararé Ltda.	10.09.53	200.000	2.000	Vila Bela-Camaré
Col. Bancária Financ. Imob. S. A.	20.01.56	200.000	2.000	Rio Cajabi-Celeste-Curupi
Imob. Ipiranga de Boralli e Held	18.11.53	200.000	1.000	R. P. Azevedo-T. Pires
Cia. Pan-Americana de Adm. S. A.	21.11.53	200.000	1.000/2.000	Vila Bela, Rio Cabixi
Colonizadora São Paulo-Goiáz Ltda.	02.12.53	200.000	1.000/2.000	Bac. R. São Wenceslau
Emp. Coloniz. I. Agríc. Pastoril	06.05.54	300.000	1.000/2.000	Gleba Itanhangá-Porto dos Gaúchos
Cia. de Terras Aripuanã Ltda.	28.04.54	200.000	1.000	Margem esq. R. Roosevelt
Ind. Colonizadora Continental S. A.	28.09.55	200.000	1.000/2.000	M. esq. R. Juruena
Colon. e Melhoramentos Mato Grosso	29.10.54	200.000	1.000/2.000	Bar. R. Guaporé/Póca
SIGA – Serv. Imob. em geral Adm. Ltda	26.04.54	200.000	250/2.000	R. Araguaia/S. Roncador
Colonizadora Norte do Paraná S. A.	30.08.55	200.000	1.000/2.000	M. esq. Rio Arinos
Colonizadora Diamantino Ltda.	22.11.55	200.000	1.000/2.000	M. esq. Rio Arinos
Coloniz. NO Matogrossense Ltda.	22.11.55	200.000	50	M. esq. Rio Arinos

Fonte: CODEMAT

É bom lembrar que a política de colonização implantada a partir dos anos 50 se valeu da grande disponibilidade de terras devolutas existentes no norte de Mato Grosso.

A Figura 12 aponta a evolução da divisão administrativa do Estado, resultante do processo de colonização. Até o início da década de 1970, o povoamento estava concentrado em Cuiabá e arredores, ou seja, no chamado "Mato Grosso Velho". A partir da década de 1970, surgiram 83 novos municípios, a maioria fruto da colonização privada. Isto significa que até o início de 1970 existiam apenas 34 municípios. Terminada a década de 1980, o número de municípios salta para 95, chegando a 117 no início da década de 1990.

Paralelamente ao processo de colonização e de redivisão administrativa, a população aumentou, como mostram as estimativas da Fundação Cândido Rondon de Cuiabá e da Fundação IBGE. Ver Quadro 5.

Quadro 5 – Mato Grosso: população urbana e rural

Período	População Total	População Urbana	População Rural	Densidade Demográfica
1980	1.138.691	654.952	483.739	1,26
1985	1.466.977	847.371	619.606	1,63
1990	1.917.117	1.403.884	513.233	2,13
1991	2.022.524	1.481.073	541.451	2,24

Fonte: Estatísticas Básicas do Estado de Mato Grosso – 1981-1991/ Secretaria de Estado de Planejamento e Coordenação Geral/MT.

O surgimento de novos municípios e o aumento populacional se deu à custa de uma grande transformação da paisagem rural e urbana. A derivação antropogênica da paisagem atingiu um alto grau de lesionamento, deixando sinais claros de despreparo dos seus agentes.

Nunca é demais lembrar que tanto as grandes fazendas instaladas nos "Chapadões do Planalto Central revestidos de cerrados e matas-galerias" como a ocupação espontânea e caótica da periferia da Floresta na Amazônia Matogrossense foram agressivas ao meio ambiente. No caso das áreas de florestas, pode-se dizer que houve um agravamento social maior, visto que a mata foi substituída por pastagens – mesmo na maioria dos projetos de "colonização agrícola" – expulsando o trabalhador rural para novas áreas de florestas e até para as cidades, sobretudo a partir do final da década de 1980, quando a população urbana supera de forma mais acentuada a população rural do Estado. Cuiabá, por ser a capital do Estado e "oferecer" melhores perspectivas de emprego, é vítima do crescimento populacional desordenado e caótico, revelado por uma periferia pobre e favelizada.

No objetivo de explicitar as transformações históricas da paisagem na Amazônia Matogrossense a partir das observações mais sistematizadas e realizadas em vários momentos, durante as minhas excursões ao sudoeste de Mato Grosso, passo a analisar as mudanças paisagísticas ao longo do caminho percorrido, lembrando que o processo que está se produzindo na Amazônia Matogrossense tem um caráter recente e impactante.

3.2.1 As paisagens agrícolas de Mato Grosso do Sul, ao longo da BR-163 (entre Campo Grande-MS e Rondonópolis-MT)

Qualificar toda essa zona de "paisagem", ainda que se lhe acrescente o adjetivo "agrícola", talvez não seja de todo preciso, e o melhor seria defini-la como um "espaço de uso agrícola": a transformação que o homem introduziu na EXPLORAÇÃO BIOLÓGICA desse território foi radical e só comparável com as grandes extensões agrícolas dos maiores países do mundo, em especial com os EUA.

Trata-se mais de uma exploração agrícola, do uso do território para uma agricultura industrial.

As condições naturais são muito favoráveis: topografia plana em nível altimétrico ideal (700-800 metros), fotoperiodismo, umidade relativa do ar, distribuição das chuvas etc.; as condições negativas de acidez acentuada do solo são facilmente corrigidas com aplicação de calcário. Além do mais, é uma zona onde a agroindústria foi muito estimulada pelo governo, e o "carro-

-chefe" da modernização agrícola brasileira – a soja – tem mercado externo garantido, facilitando a capitalização das empresas.

A conjunção desses fatores permite ao Estado de Mato Grosso alcançar uma das mais elevadas taxas de produtividade mundial de soja, com uma produção de 2.350 quilos por hectare, ao passo que a média nacional é de 1.890 quilos e a dos EUA é de 2.300 quilos por hectare.

A potencialidade produtiva dos solos é melhorada com um alto grau de tecnologia: mecanização, controle da acidez edáfica, erradicação de pragas com uso de inseticidas, herbicidas, fungicidas, melhoramento genético etc.

Se atualmente essas terras produzem soja, cana-de-açúcar e látex é porque na relação *demanda comercial/custos produtivos/ benefícios empresariais* a rentabilidade é alta graças à magnitude das superfícies cultivadas.

Analisando conjuntamente toda essa região, podemos afirmar que existe a seguinte organização paisagística.

- as já mencionadas áreas extensas de cultivo que ocupam as superfícies estruturais elevadas, os chapadões areníticos;
- as vertentes e fundos de vales que drenam toda a região e que se dirigem para a bacia dos rios Taquari, Cuiabá, Paraguai, ou seja, para o Pantanal, e também para a Bacia do Paraná.

Nessa última unidade, que, ao estar definida pela rede hidrográfica, tem uma expressão cartográfica do tipo linear, é onde o ecossistema se encontra menos alterado. Seu uso agrícola é mais limitado e menos especializado e, apesar do desmatamento observado em extensas áreas, existem zonas, como as próximas aos talvegues, que conservam certa qualidade ambiental. Refiro-me, sobretudo, aos geótipos úmidos, colonizados pela palmeira buriti (*Mauritia vinifera* Mart.).

Como valoração global da paisagem dessa região, podemos dizer o seguinte: já que nos chapadões a atividade antrópica da agricultura industrial tem alterado radicalmente o meio, é importante que se preservem, no melhor estado possível, os fundos de vales, onde a paisagem está menos modificada.

A mata-galeria e os enclaves da vegetação propriamente hidromorfa, ao lado de um manejo do solo adequado (pastagens etc.) são determinantes para manter uma regulação do escoamento tanto superficial como subterrâneo, o qual é vital, por sua vez, para toda a cadeia trófica, desde a fauna aquática até os mamíferos e as aves, riqueza maior do Pantanal Matogrossense.

As transformações da paisagem são explicitadas, ainda, pelo visual da paisagem determinado pelo número de estabelecimentos agroindustriais instalados ao longo do eixo da BR-163.

Ao cruzarem as fronteiras de Mato Grosso, atraídos pela possibilidade de adquirir terras férteis e baratas, os "sulistas" começaram a traçar, há vinte anos, o desenho da agroindústria no Centro-Oeste.

Atrás da produção agrícola – especialmente de soja, milho e proteínas animais – e da busca da eficiência imposta pelos anos de crise, as indústrias de alimentos, a partir do início da década de 1990, passaram a instalar unidades industriais junto aos centros de produção. Assim, SADIA, CEVAL, PERDIGÃO, MATOSUL, CIBRAZEM, MICHELIN, COTRIJUÍ etc. já estão incorporadas ao visual da paisagem do Centro-Oeste.

3.2.2 Os garimpos de diamante na Bacia do Rio Coité (Poxoréu)

Poxoréu, que em língua indígena significa "água suja", está encravada no Vale do Rio Poxoréu – tendo ao norte o padrão de ocupação "sulista" com soja e, ao sul, o padrão "baiano-mineiro-goiano" com pecuária – e não guarda semelhança alguma com seus vizinhos.

A paisagem resultante da atividade garimpeira é ainda mais impactante que a da unidade anterior, se não superficialmente, ao menos quanto à sua intensidade.

A extração de diamantes não está regularizada pelo governo, o que equivale a dizer que está fora do organograma produtivo do país. Entendo que há uma certa anarquia e permissividade, cuja explicação talvez se encontre no anacrônico espírito de li-

MESSIAS MODESTO DOS PASSOS

berdade, aventura e esperança que alimentou a conhecida "febre do ouro" em todo o mundo.

Em tempos passados, Poxoréu era totalmente habitada pelos índios bororos, que ocupavam extensas áreas e que, posteriormente, ficaram restritos à Reserva Indígena de Jarundore. No entanto, hoje, no município de Poxoréu, não existe mais a presença do povo bororo. A Reserva Indígena figura tão somente nos mapas e está gradativamente sendo ocupada pelo homem branco.

O povoamento branco de Poxoréu teve início com a chegada de "aventureiros" atraídos pelo diamante, cuja ocorrência foi divulgada pelos sertanistas por volta de 1920.

Crescendo em torno do garimpo de diamante, a população de Poxoréu, acusada no censo de 1940, chegou a 14.779 habitantes, apresentando o seguinte desenvolvimento:

Período	População (habitantes)
1950	21.729
1960	16.968
1970	27.431
1980	28.052
1991	13.831

Entre 1950 e 1960, os diversos projetos de colonização particular implantados na Amazônia Matogrossense com estímulos governamentais provocam, em Poxoréu, a queda populacional anual de 2,4%.

No período de 1980-1991, a decadência do garimpo – do qual direta ou indiretamente dependem os seus 13.831 habitantes – passa a refletir negativamente sobre o desenvolvimento econômico do município.

3.2.3 A Chapada dos Guimarães

A paisagem da Chapada dos Guimarães está claramente regida por uma estrutura geológica tabular que, modelada pelos

AMAZÔNIA: TELEDETECÇÃO E COLONIZAÇÃO   97

agentes morfogenéticos, se destaca pela variedade e beleza de suas formas.

Assentada sobre a Formação Bauru, sedimentada no período Cretáceo, após ter passado por um processo de aplainamento e sofrido movimentos epirogenéticos positivos, com posterior pediplanação quaternária (que abriu depressões, rebaixou planaltos e sedimentou vales e trechos de depressão). A retropicalização provoca o encaixamento da drenagem e a dissecação do relevo (RADAM, 1982, p.23), resultando nas formas atuais que tornam a Chapada uma área sensível à ação antrópica e lhe concedem também um singular potencial turístico no Estado de Mato Grosso.

A grandes traços e prescindindo da espetacularidade de alguns enclaves (cachoeiras), essa paisagem tem, do ponto de vista das transformações históricas, duas particularidades que, como é habitual no Brasil, se manifestam contrárias ou, pelo menos, não convergentes:

- sua potencialidade como paisagem natural de exploração turística;
- a propriedade da terra que, majoritariamente, está definida em torno de fazendas particulares.

A potencialidade para a exploração turística da Chapada dos Guimarães advém tanto de suas próprias características como do significado alcançado por estas em virtude da inexistência de atrativos semelhantes nas áreas próximas. Nesse sentido, a mais destacável é consequência direta do relevo: o clima, relativamente mais fresco e com uma atmosfera mais limpa, é um de seus maiores atrativos. Além disso, o conjunto da região não tem muita densidade de população e, ao contrário, a zona urbana da Grande Cuiabá necessita da Chapada como área de lazer.

De outro modo, apesar das fazendas que contornam a zona da Reserva, a vegetação natural (cerrado com mata-galeria) ainda não está muito alterada.

As potencialidades da Chapada dos Guimarães como polo turístico regional e nacional não são devidamente incrementadas em razão das dificuldades da administração pública em efetivar as necessárias desapropriações e, portanto, definir legalmente o "Parque Nacional da Chapada dos Guimarães", criado pelo Decreto Federal nº 97.656 de 12 de abril de 1989, numa área de 33 mil hectares, abrangendo os municípios de Cuiabá e de Chapada dos Guimarães.

A sede do município de Chapada dos Guimarães, distante 61 km a nordeste da capital Cuiabá, com 12.766 habitantes (64% na zona rural), enfrenta a questão da indefinição quanto ao rumo de desenvolvimento a ser tomado. Opiniões dividem-se entre os que pretendem para o município uma diversificação econômica que considere não apenas o potencial turístico, mas a possibilidade de atrair para a região investimentos variados, e a proposta dos que defendem para a Chapada o desenvolvimento apoiado exclusivamente no atrativo turístico.

Nesse processo de indefinição, nem a diversificação de investimentos é realizada e nem a infraestrutura de sustentação à exploração turística é implementada.

A iniciativa privada apropria-se desse setor de forma autônoma e, em certos aspectos, caoticamente.

Não há efetivamente uma infraestrutura de porte que viabilize o turismo como forma de lazer. A principal área destinada ao lazer coletivo é conhecida como "Salgadeira" – um complexo com restaurante, sanitários e estacionamento – gerenciada pela iniciativa privada.

Os roteiros/croquis dos pontos turísticos mais atrativos da Chapada dos Guimarães, divulgados pelo "Posto de Informação", são ilegíveis, obrigando o turista a recorrer aos serviços oferecidos pelas agências particulares.

É necessário que a iniciativa privada e a administração pública se articulem a fim de valorizar e desenvolver as potencialidades paisagísticas da Chapada dos Guimarães.

3.2.4 O clímax biológico do "Pantanal Matogrossense"

Na taxonomia proposta por G. Bertrand, não existiria nenhum tipo de prevenção para definir o Pantanal como uma "região natural em estado climácico" ou, pelo menos, em "estado subclimácico", uma vez que nele também existe algo de atividade pecuarista.

Felizmente, pelas informações recolhidas *in loco*, a pressão da atividade pecuária no Pantanal está decrescendo. Isto ocorre, em parte, porque, como REGIÃO CLIMÁCICA de marcado caráter edafo-higrófilo, é hostil a uma intervenção extensiva do homem. Dito de outra forma: para que uma atividade como a pecuária extensiva brasileira (pouco exigente em dedicação por parte do homem) tenha relativo êxito comercial, a Natureza deve ajudar e, evidentemente, o ecossistema do Pantanal não é o mais indicado para ser usado como espaço de pecuária.

No que se refere ao aumento da exploração turística, o Pantanal tampouco é uma região indicada ao turismo de massa. O Pantanal deve ser visitado por quem tenha realmente interesse em, de alguma maneira, "sofrer" os rigores de uma zona ecologicamente pura. É por isso que me parece correto o controle policial estabelecido na entrada da rodovia "Transpantaneira".

O que atualmente ocorre é, no meu entender, o que melhor preserva o meio, ou seja, o turista tem a oportunidade de visitar o Pantanal sem que o Pantanal se transforme em um lugar turístico.

3.2.5 As paisagens pecuárias das fazendas situadas nas cabeceiras dos rios Jauru e Guaporé

O início da ocupação dessa região deu-se a partir de 1953; contudo, as grandes fazendas de gado aí se instalaram sobretudo a partir de 1972, na carona do processo mais dinâmico e atrativo da ocupação da Amazônia Matogrossense.

Do ponto de vista das relações entre a Natureza e o uso antrópico, a fazenda, nos moldes das existentes na periferia da Amazônia, é uma das maiores expressões do produtivismo predador que o homem moderno exerce atualmente sobre o meio.

Essas fazendas nasceram com um sentido produtivista e mercantilista, enquadrando-se no esquema do capitalismo mais explorador: esse objetivo exploratório e imediatista resultou numa baixa qualidade ambiental dessas fazendas.

4 ABORDAGEM CARTOGRÁFICA DA COLONIZAÇÃO NA AMAZÔNIA MATOGROSSENSE

A divisão crescente do território e sua monopolização pelas grandes fazendas é consequência da colonização recente.

O Estado estimulou o deslocamento de (a) pequenos agricultores – para evitar as tensões sociais – e (b) dos fazendeiros – por incentivos fiscais –, para as zonas "vazias de homem". Mas, ao priorizar uma política agrícola dirigida para o mercado mundial, não estimulou uma divisão de terras segundo regras justas.

Enquanto o nordeste de Mato Grosso concentra as fazendas de gado, o sul diversifica a sua economia a partir de três setores: da soja, da cana-de-açúcar e da pecuária.

O povoamento do sul e do sudoeste de Mato Grosso está ligado à chegada de pequenos agricultores originários de São Paulo, Minas Gerais e do Nordeste, que se instalaram primeiro na região de Rondonópolis, antes de se deslocarem progressivamente para a região do Paraguai-Jauru. Paralelamente, há a migração dos agricultores do Rio Grande do Sul, que se fizeram acompanhar de suas tradições e funções econômica, social e política entrando em choque com a sociedade preexistente.

Este fenômeno não está concluído, pois nos últimos anos uma nova frente se desloca para a Chapada dos Parecis, mais ao norte.

4.1 A produção de soja

Existem médias e grandes empresas agropecuárias, especializadas na cultura de soja, a leste da microrregião de Rondonópolis e de Cuiabá. Contudo, é a região da Chapada dos Parecis que se tornou uma das maiores produtoras dessa cultura.

Os custos elevados da produção e do escoamento até os distantes portos de Santos (SP) e de Paranaguá (PR) devem ser compensados pelo cultivo de um número elevado e sempre crescente de hectares.

A Figura 16 chama a atenção para a evolução da área de plantio de soja no Estado de Mato Grosso. É bom lembrar que a evolução da área de plantio de soja obedece às políticas de crédito agrícola e, sobretudo, às oscilações do mercado internacional.

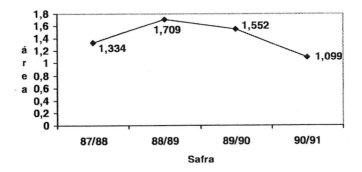

Fonte: IBGE.

FIGURA 16 – Evolução do plantio de soja / MT (em milhões de hectares).

A Figura 17 enfatiza o predomínio da cultura da soja, altamente mecanizada e pouco absorvente de mão de obra. Esse modelo agroexportador tem reflexos na expansão da rede urbana: as cidades maiores (Cuiabá, Rondonópolis, Alta Floresta, por exemplo) apresentam sérios problemas socioambientais, gerados pela falta de investimentos em infraestrutura básica resultando numa baixa qualidade de vida, sobretudo das populações mais pobres que vivem na periferia dessas cidades.

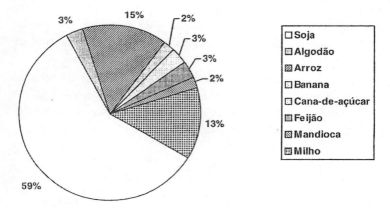

Fonte: IBGE – Sinopse Preliminar do Censo Agropecuário.

FIGURA 17 – Mato Grosso: área de plantio dos principais produtos agrícolas – 1991.

4.2 A cana-de-açúcar

A terceira mudança nesta região (a pecuária fica com a segunda posição) é a extensão da cana-de-açúcar, particularmente no leste, com Jaciara, ao norte de Barra dos Bugres, Nova Olímpia, Rio Branco, assim como em torno do Pantanal com Poconé. O Mato Grosso conta com 13 destilarias.

Martin Coy (geógrafo alemão) elaborou as Figuras 18 e 19 que ajudam a explicitar melhor a realidade das regiões sul e sudoeste do Mato Grosso. A elevada produção de soja na região de Rondonópolis e seu incrível crescimento entre 1985 e 1987 (aproximadamente 317.000 ha) opõe esta região àquela de Guaporé-Jauru, a oeste, onde predomina uma agricultura mais diversificada e menos capitalizada.

Conforme observa-se na Figura 18, o número mais elevado de tratores na "microrregião de Rondonópolis" mostra que esta se encontra mais mecanizada, quando comparada com a "microrregião" do Guaporé-Jauru (Figura 19).

AMAZÔNIA: TELEDETECÇÃO E COLONIZAÇÃO   103

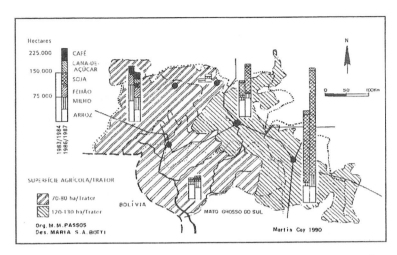

FIGURA 18 – "As produções agrícolas", segundo o *Anuário Estatístico do Estado de Mato Grosso* – 1985 e 1987/1988. In: Coy, 1990.

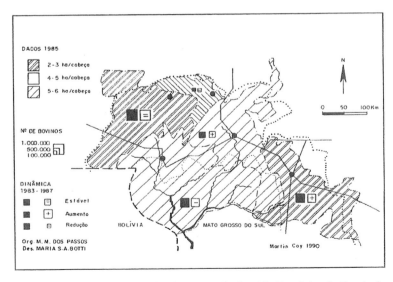

FIGURA 19 – "Evolução do rebanho", segundo *Anuário Estatístico do Estado de Mato Grosso* – 1985 e 1987/1988. In: Coy, 1990.

4.3 A pecuária

Nos campos interiores do Pantanal ainda existem campos naturais situados sobre as "terras altas". Contudo, observa-se o avanço das pastagens artificiais em substituição a esses campos naturais. Os produtores de soja ampliam seus investimentos no domínio da pecuária, e antigas superfícies de soja são transformadas em pastagens artificiais ("Plante soja que o boi garante"). A "micro" região de Cáceres apresenta uma menor concentração de animais em relação à sua superfície agrícola. A pecuária apresenta uma evolução constante para a região Guaporé-Jauru, uma regressão para Cáceres e um crescimento para Rondonópolis.

3 O SUDOESTE DE MATO GROSSO

Os limites do "sudoeste de Mato Grosso", para efeito dessa abordagem, se restringem à área compreendida entre os paralelos 14°23' e 15°48' Sul e os meridianos 58°30' e 59°30' Oeste – que é coberta pelas duas imagens LANDSAT TM 228.070C e 228.071A.

Essa região (Figura 20) encontrasse inserida nos contrafortes da Chapada dos Parecis; apresenta topografia de morros e serras, com altitudes variando de 300 a 600 metros; rede hidrográfica muito densa e hierarquicamente confusa; e cobertura vegetal de floresta e cerrado.

Os arenitos cretácicos da Chapada dos Parecis deram origem às escarpas voltadas, *grosso modo*, para o sul e para o noroeste, dominando as superfícies cristalinas rebaixadas e dissecadas pelos altos cursos dos rios Paraguai, Guaporé e Jauru. Com altitudes de 300 a 600 metros, a Chapada dos Parecis forma o interflúvio das bacias dos rios Juruena, Paraguai e Guaporé.

As vertentes platina (sul) e amazônica (norte) apresentam contrastes quer de natureza morfológica quer de natureza vegetal. Na face voltada para a Amazônia, a topografia é suave, sobressaindo os espigões mais elevados, com uma altitude média de 500 metros. No quadro botânico, há predomínio das espécies vegetais amazônicas (Figura 21) sobre as espécies vegetais de cerrado. Já na vertente oposta, o Planalto avança para o sul em

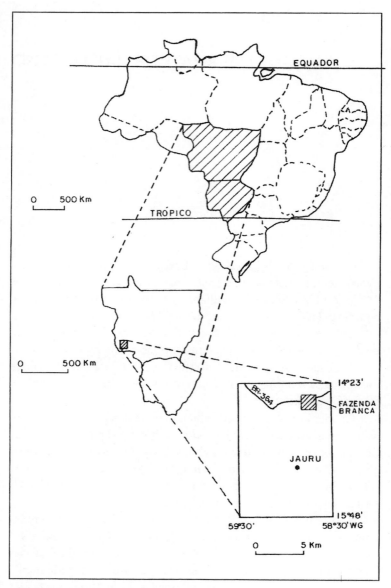

FIGURA 20 – O sudoeste de Mato Grosso.

AMAZÔNIA: TELEDETECÇÃO E COLONIZAÇÃO   107

verdadeiras lombadas, onde destacam-se cristas pontiagudas, sob a forma de chapadões alongados, revestidos com cerrado (Figura 22).

A pirâmide da Figura 21 foi elaborada a partir de levantamentos fitossociológicos efetuados em área de floresta preservada do Vale do Guaporé (Fazenda Guapé). Essa formação florestal, de clima tropical úmido, apresenta uma grande biodiversidade cujas espécies predominantes por estrato são: estrato herbáceo/rasteiro: *Psidium guajava*, *Metrodorea nigra*, *Bambusa* sp; estrato subarbustivo: *Bauhinia forficata*; estrato arbustivo: "cana-de-pito", "sete-pernas", "arapoquinha"; estrato arborescente: *Cecropia* sp, *Casearia gossypiosperma*, *Nectandra* sp; estrato arbóreo: *Swietenia macrophylla*, *Myroxilon peruiferum*, *Pterodon emarginatus*, *Aspidosperma polyneuron*, *Micandra elata*, *Chonisia speciosa* etc.

A pirâmide da Figura 22 foi elaborada a partir de levantamentos fitossociológicos efetuados em área de cerrado-parque preservado da Chapada dos Parecis/Fazenda Branca. O cerrado típico da Chapada dos Parecis apresenta tão somente dois estratos (herbáceo/rasteiro e arborescente). A biodiversidade é baixa, destacando-se no estrato herbáceo/rasteiro exemplares de *Aristida* sp, *Echinolaena inflexa* etc. Entre as espécies do estrato arborescente, destacam-se: *Qualea* sp, *Kielmeyera* sp e *Caryocar brasiliensis*.

É, pois, uma região de contacto entre os domínios morfoclimáticos das Terras Baixas Florestadas da Amazônia, dos Chapadões Cobertos com Cerrado e Matas-Galerias, e do Pantanal Matogrossense.

Essa "região" se presta a um "estudo de caso" que retrata, *grosso modo*, o "processo de colonização da Amazônia Matogrossense", visto que aí se encontram desde a agricultura moderna (soja, *Hevea* spp) à pecuária extensiva, passando por unidades de assentamento/reforma agrária, de garimpagem, de reservas indígenas etc.

A Figura 23 se presta à visualização da distribuição espacial da vegetação na área coberta pelas imagens LANDSAT TM 228.070C e 228.071A, aqui denominada "sudoeste de Mato Grosso".

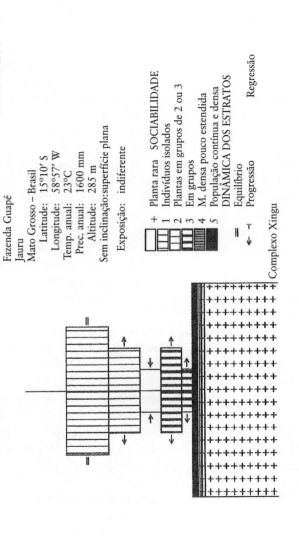

FIGURA 21 – Pirâmide resultante de estudos fitossociológicos realizados no Vale do Guaporé – Fazenda Guapé – MT.

AMAZÔNIA: TELEDETECÇÃO E COLONIZAÇÃO 109

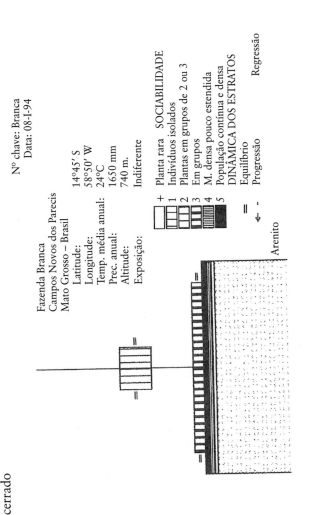

FIGURA 22 – Pirâmide resultante de estudos fitossociológicos realizados na Chapada dos Parecis – Fazenda Branca – MT.

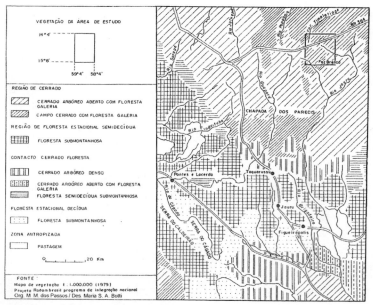

Fonte: Dossiê M. M. dos Passos.

FIGURA 23 – Caracterização da vegetação.

O processo de ocupação do sudoeste de Mato Grosso teve início a partir da ação das companhias colonizadoras. O Potencial Ecológico e a Exploração Biológica muito diferenciados entre o norte (Chapada dos Parecis) e o sul (Vale do Guaporé-Jauru) atraíram frentes pioneiras distintas. Mineiros, capixabas e nordestinos dirigiram-se para as "terras de mata" do Vale do Guaporé-Jauru, genericamente associadas a solos férteis. O período inicial foi o mais espontâneo e, também, o mais agitado do processo de ocupação. Serrarias, pequenos proprietários, arrendatários etc., lado a lado com os proprietários das grandes glebas, empenharam-se em eliminar a mata, cultivar arroz e feijão, enfim, preparar o terreno para a entrada do boi. Prevaleceu a "tradição" dos pecuaristas.

Ao norte da região, o cerrado assentado sobre as areias quartzosas da Chapada dos Parecis só atraiu o povoamento mais consistente a partir da expansão da soja, em meados da década de 1970. Em 1989, chamamos a atenção para a forma predatória de exploração da floresta amazônica (Passos, 1989). Cabe, neste momento, a retomada de algumas observações, tendo em vista a sua pertinência com a ação antrópica no sudoeste de Mato Grosso.

Em 1953, a Companhia Comercial de Terras Sul Brasil S. A., com sede em Marília (SP), adquiriu mais de 2.000 km² de terras – correspondendo a 0,2% do Estado de Mato Grosso e a 2,1% da microrregião do Alto Guaporé-Jauru, iniciando-se o processo de "colonização" da região.

Oito famílias de paulistas e paranaenses foram os pioneiros que se dedicaram ao cultivo da terra, especialmente às lavouras de café, arroz, milho e feijão.

Vislumbrada a ocorrência de mogno (*Swietenia macrophylia*), a companhia instalou a primeira serraria, encontrando todo tipo de obstáculo, falta de estradas, principalmente. É bom frisar que essa fixação pelo mogno gera o primeiro grande equívoco na exploração madeireira, isto é, ignorou-se toda a variedade de espécies vegetais, igualmente valiosas.

Em dificuldade, a companhia vendeu, em 1973, a serraria ao Sr. Dalvo Rossi – que no início só trabalhava com mogno e cerejeira, em virtude da grande ocorrência e aceitação dessas espécies vegetais. E, ainda, porque os proprietários das glebas faziam financiamentos com a SUDAM para formar os pastos e criar bois. Os financiamentos (PROTERRA) tinham um prazo de 10-12 anos, com 7% de juros ao ano, mas havia uma cláusula contratual para a formação das pastagens em até três anos. Com isso o aproveitamento da madeira ficou muito prejudicado: as serrarias não tinham tempo nem condições técnicas para a retirada da madeira, nas glebas onde os proprietários concordavam com a venda. Muitos proprietários, alegando que o preço pago pelas serrarias era insignificante, preferiam queimar tudo. Alguns afirmam que o dinheiro recebido pela madeira retirada da área não dava para comprar uma carga de sal.

Assim, até mesmo o mogno e a cerejeira foram apenas parcialmente aproveitados: somente os exemplares de maior rendimento para tábuas e situados em pontos que ofereciam relativa facilidade para a sua retirada interessaram às serrarias. Aqueles que exigiam um manuseio maior eram deixados e consequentemente queimados no momento de limpar a área e semear o capim – uma grande fogueira, repetida anualmente, no mês de agosto, antes das chuvas.

Somente a partir de 1978 é que outras espécies (peroba, branquilho, pinho-cuiabano, ipê, amoreira, óleo bálsamo e jatobá) passaram a ser valorizadas pelas serrarias. O mogno e a cerejeira já estavam no fim.

O mogno, o jatobá e a peroba saem da serraria com um mesmo preço de custo pela operação de retirada da mata, transporte até a serraria, beneficiamento e outros custos operacionais (aproximadamente Cr\$ 4.000,00/m^3, em 1987). No entanto, o preço e a procura do mogno são bem maiores: enquanto as serrarias encontravam dificuldades de colocar o jatobá, a peroba e até mesmo a cabreúva no mercado a Cr\$ 10.000,00, o mogno não atendia à procura e era vendido a Cr\$ 16.000,00 o m^3 de madeira serrada, entregue no pátio da serraria. É bom frisar que o mogno exige menos manuseio e que o m^3 de tora dessa espécie rende muito mais quando serrada, em comparação às demais espécies citadas.

Dentro da lógica dos madeireiros, é compreensível que, somente com a rarefação e quase extinção do mogno, eles passem a se interessar por espécies menos competitivas no mercado.

Outra variável que chama a atenção é que, enquanto as grandes serrarias que se abasteciam na região – a Serraria Rossi e a Serraria Cáceres/Florestal Cáceres – foram desativadas, tendo em vista o desaparecimento das espécies nobres, surgiram inúmeras pequenas serrarias que estão trabalhando com a madeira retirada das áreas "invadidas" pelos posseiros (Fazenda Mirassolzinho e F. Barreto) e, ainda, com as toras de madeira coletadas nas áreas de pastagens – uma autêntica "garimpagem".

No caso da Mirassolzinho e da F. Barreto, os posseiros estão trocando a madeira em tora por tábuas, para a construção das "casas". Aqui, esperava-se um aproveitamento maior da madeira, tendo em vista a falta de capital do pequeno agricultor e a valorização da madeira. No entanto, a pressa em caracterizar o uso da terra e legitimar a sua posse tem concorrido para a prática de queimadas. Visitando a Mirassolzinho, observamos que a aroeira estava sendo totalmente aproveitada, mas outras espécies – de densidade de ocorrência elevada –, como angico, por exemplo, estavam sendo "descascadas" no tronco, com uso do machado, para provocar a perda das folhas e facilitar a penetração dos raios solares até os cultivos, o que acaba facilitando a ação do fogo.

Em 2,5 hectares de terra da região de Jauru – segundo as serrarias – retiravam-se em média 50 m³ de madeira, excluindo o mogno e a cerejeira. Incluindo-se estas duas espécies, a média sobe para 100 m³.

A fiscalização, na prática, não existe. Desmata-se quando se quer, onde, o que e como se quer. Entre 1978 e 1980, as fazendas F. Barreto e Aguapé pulverizaram as áreas de matas com desfolhantes químicos (Tributon 2,4 D), para apressar o desmate e queimar melhor; segundo os proprietários, para atenderem os prazos de financiamentos.

Podemos concluir que os prazos de financiamentos em consonância com as políticas governamentais, a mentalidade dos empresários, a indefinição da posse da terra, a inexistência de uma fiscalização eficaz e as condições de mercado definiram um quadro caótico com impactos muito negativos, resultando num processo injusto socialmente e agressivo ao meio ambiente da Amazônia Legal.

As nossas observações são sustentadas pela narrativa do engenheiro agrônomo Luís Flávio Veit, proprietário da Florestal Cáceres, experiente no ramo de serraria, conforme explícito na entrevista que nos concedeu em 14 de janeiro de 1994. Quando solicitamos que expusesse a importância da serraria para a colonização da "Gleba Paulista" e a importância dessa colonização para a serraria, o Sr. Luís expôs:

O que diferenciou Jauru/Gleba Paulista foi a riqueza relativa da floresta em madeira de valor comercial. O mercado não era local. O proprietário da serraria [pai do entrevistado] foi para a região em 1960, motivado por interesse ligado à terra (*sic*), embora o mesmo fosse um "madeireiro". A "araputanga" [denominação popular para a *Swietenia macrophylla*], encontrada nos vales dos rios Sepotuba e Jauru, despertou muito interesse. Não era madeira da área da "Sul Brasil". Na área dessa colonizadora havia pouca madeira. A extração foi seletiva. O suporte da colonização foi muito importante. Sem a infraestrutura da Colonização a exploração da madeira seria inviável. O pequeno proprietário estava muito interessado em vender a madeira. A localização e o encontro do mogno eram problemáticos. A infraestrutura do núcleo urbano foi fundamental. As áreas de ocorrência do mogno eram de manchas. No conjunto, a área era pequena. A "Sul Brasil" está na margem direita do Rio Jauru. Para chegar ao mogno, os caminhões da serraria realizavam o percurso: Cáceres – BR-174 – Porto Esperidião – Pedro Neca – Jauru. O mogno [*Swietenia macrophylla*] ocorria nas cabeceiras do Rio Jauru e de seus afluentes [vertente sul]. Na margem esquerda, a ocorrência do mogno era bem menor, e de qualidade inferior. A boa qualidade do mogno da margem direita do Rio Jauru está associada à natureza do solo: mais pobres quimicamente, porém bem drenados. O mogno "não gosta" de terreno plano. Ele estava em terreno "quebrado". O mogno se desenvolve melhor em áreas tropicais úmidas, mas que apresentem solos bem drenados... A influência da serraria se deu através da abertura de estradas e da compra de madeira que possibilitou a entrada de recursos. O mogno não era conhecido no mercado brasileiro. No Brasil, o pessoal achava que o mogno era um substituto do "cedro" e, então, o preço era mais baixo. Na Inglaterra o mogno já era conhecido e muito valorizado... A Inglaterra foi o principal mercado comprador dessa espécie retirada da Gleba Paulista... A serraria vendeu mogno para os EUA, Austrália, África do Sul... O Sr. Karl Veit [pai do entrevistado] tinha experiência com o comércio de madeira, pois vivera do ramo na Alemanha, Espírito Santo e Santa Catarina, sempre voltado para a exportação. A serraria explorou o mogno das imediações de Cáceres [1960 a 1962]. De 1962 a 1972 foi explorado o mogno da região de Jauru. A partir de 1974 foi explorado o mogno do Vale do Guaporé [após Pontes e Lacerda], sempre acompanhando a margem da serra [Rio Pindaituba]. A madeira acabou rápido! A partir de 1974 muitas fazendas instalaram as suas próprias serrarias. Em 1978 e 1979 foi explorado o mogno do Vale do Rio do Sangue [a 800 km de distância de Cáceres] e das cabeceiras dos rios que têm os cursos voltados para o Norte. Em 1979 a Florestal Cáceres abriu uma grande serraria em Vilhena (RO) para explorar o mogno [mercado internacional] e a cerejeira [mercado nacional]. A cerejeira em Jauru era muito rara. Todo o transporte – da retirada ao Porto de Santos – era rodoviário. A "legislação dos marítimos" tornava o transporte fluvial muito mais caro. Em 1960, toras de mogno foram transportadas, por balsa [Rio Paraguai] de Cáceres até Corumbá e, daí, de trem até o Porto de Santos... Não funcionou... Segundo os cálculos/anotações da serraria se retirava apenas $1m^3$/ha, quando muito! O recorde é de 11 mil m^3/500 ha, retirados de uma gleba localizada no sopé da Serra Azul. O ambiente do mogno é muito específico. A competição é muito grande. A opção pelo mogno tinha razões de custo/manejo e da aceitação no mercado internacional. Durante 10 anos de atividades a serraria retirou 50 mil m^3 de toras, da região de Jauru... O pessoal vive de ilusão. Em 1988 acabou o mogno... Atualmente se retira madeira [mogno] somente das reservas indígenas. Daqui a 5 anos vai acabar. Não há regeneração do mogno. Não há perspectiva de reposição do mogno. Não foi possível reflorestar com o mogno, apesar de várias tentativas. As serrarias estão no "fim da linha". A serraria vai incrementar o reflorestamento, a partir da *Teca* [uma espécie asiática], entre os pequenos e médios proprietários.

Segundo o Sr. Luís Veit o investimento foi orgânico, ou seja, todo o rendimento/lucro era reinvestido na madeira. O madeireiro às vezes muda de região ou de profissão. Não é o caso dos Veit. Perderam o mercado internacional com o fim do mogno. O Sr. Luís Veit desenhou o mapa da América do Sul, localizando a área de ocorrência do mogno e acrescentou os seguintes comentários: "Há ventos úmidos na faixa costeira... O interior é seco (NE)... A região é umedecida pelos alísios. A região de Manaus é muito úmida, portanto, imprópria ao mogno, pois o mogno não tem condições de competir com outras espécies vegetais em áreas sempre verdes. Ele é típico de áreas caducifólias...".

Os cerrados existentes nos interflúvios dos rios que nascem na Chapada dos Parecis e que se dirigem para o norte/Bacia Amazônica (Juruena, Formiga, Sapezal, Cravari, Arinos etc.) foram eliminados para a formação de grandes fazendas de soja. Nas imagens LANDSAT essas áreas se apresentam em tonalidade clara, atestando o nível de derivação antropogênica da paisagem nessa porção do território. As matas-galerias existentes ao longo dos formadores desses rios foram estreitadas.

No centro e no sul dessa região, as imagens LANDSAT mostram manchas em tom claro, indicadoras de áreas que foram desmatadas e que, atualmente, estão cobertas com pastagens. A espacialização "aleatória" dessas áreas revela o caráter espontâneo da ocupação. O processo de expansão e coalescência das pastagens deixam "ilhadas" as reservas de mata ainda existentes na região.

As imagens LANDSAT – em composição colorida – mostram que, em 1989, o desmatamento encontrava-se praticamente no mesmo nível de 1985:

- A "geometria" espacial do sul da região se mostra menos definida e retalhada, exibindo um quadro em que os limites das áreas de culturas (Gleba Mirassolzinho, entre o Rio Guaporé e o Córrego Irara) com as pastagens artificiais, os desmatamentos recentes e as manchas de florestas relativamente "preservadas" são de difícil demarcação.

- Ao norte da área, mais precisamente ao longo do eixo da BR-364, na Chapada dos Parecis, observa-se o avanço de agricultura altamente tecnificada em ambientes de cerrado. A melhor ilustração desse avanço agrícola está na Fazenda Branca que, no período de 1972-1992, implantou o complexo agroindustrial para a produção de álcool e que, a partir de 1993, substituiu a cultura de cana pela de soja.

Apesar da baixa fertilidade das areias quartzosas, a área de cerrado da Chapada dos Parecis mostra-se, ecologicamente, apta para produzir culturas anuais com uso sustentado de corretivos e fertilizantes em um sistema de rotação de lavouras durante ciclos mais ou menos prolongados, segundo o grau de tolerância dos solos. Diante da "marcha do capital para o campo", pode-se prever que o processo de eliminação das atuais áreas de cerrado para introdução da soja ou mesmo para a formação de pastagens em áreas de topografia mais movimentada, que vem ocorrendo na região, a partir de 1970, seja mantido, em detrimento da proteção das cabeceiras dos rios Guaporé e Jauru e, pior, em total desrespeito às Reservas Indígenas aí existentes.

- Descendo a Chapada dos Parecis, em direção ao sul, chega-se à área de floresta do Planalto do Alto Jauru, Vale do Guaporé. É nessa porção do território que o desmatamento foi mais intenso; no início, para o plantio de culturas anuais e, após, para a formação das fazendas. Com exceção da Fazenda Triângulo, onde observa-se a área de *heveacultura* (sudoeste da área), há predomínio das áreas de pastagens com destaque de algumas manchas significativas de mata que aparecem "ilhadas" pelo capim colonião ou pela *brachiaria* em claro processo de coalescência.

- As pequenas áreas de solo nu são, na verdade, pastagens em processo de renovação, ou seja, o capim *colonião* introduzido no início (1972) já não apresenta o mesmo vigor e está sendo gradeado para ceder o espaço à *brachiaria*, mais tolerante às pragas, ao período seco e à perda de fertilidade do solo.

A prognose é de que toda essa porção do território, a exemplo da sua faixa central, seja predominantemente ocupada pelas pastagens artificiais.

Vejamos três exemplos – situados no sudoeste de Masto Grosso – a fim de mostrarmos a diversificação de modelos de ocupação da Amazônia Matogrossense.

1 O PROJETO PROBOR – FAZENDA GUAPÉ

A crescente demanda de borracha vegetal no Brasil, motivada pela instalação e consolidação da indústria automobilística no final da década de 1950, fez que o país, que dominou o mercado mundial do látex até 1912, dependesse, cada vez mais, das importações asiáticas.

Diante dessa realidade o governo brasileiro criou a Superintendência da Borracha (SUDHEVEA), através do Decreto-Lei nº 5.227 de 18.2.1967, com a missão de executar uma política que levasse o Brasil à autossuficiência, aberta ao fluxo de exportação, na produção dessa matéria-prima. Com a SUDHEVEA vieram os Programas de Incentivo à Produção de Borracha Natural – PROBOR I, II e III, em 1972, 1977 e 1982, respectivamente. Desses programas, Mato Grosso foi beneficiado especialmente pelo PROBOR III, quando já havia conhecimento suficiente de que a *Hevea* spp era produtiva fora da Amazônia úmida.

É em consonância com essa política desenvolvimentista que os incentivos fiscais chegam até a Fazenda Guapé, no sudoeste de Mato Grosso, para estimular o cultivo da *Hevea* spp.

Os exemplos da Michelin (Rondonópolis), dos seringais implantados no município de São José do Rio Claro e na Fazenda Guapé, servem de parâmetro positivo à política de colonização agrícola. Não fossem as oscilações do mercado, poderíamos afirmar que tal atividade contribui para o desenvolvimento regional de forma sustentável, sobretudo pela fixação de inúmeras famílias a essa atividade e, ainda, pelo manejo ecológico que os seringais requerem e que, na maioria dos casos, lhes é dado.

No entanto, o crescimento médio de 3,5% ao ano, verificado no período de 1973 a 1982, apesar de elevar a produção nacional para 24,4 mil toneladas/ano, não foi suficiente para a autossuficiência, visto que o consumo anual, para o mesmo período, atingiu o valor de 67,7 mil toneladas/ano.

Se as condições climáticas e pedológicas favoráveis, ao lado de terras baratas e de significativos incentivos governamentais, explicam o desenvolvimento inicial da "heveacultura" em Mato Grosso, a "crise do petróleo", no final da década de 1970, explica, em parte, o déficit de 43,3 mil toneladas, ou seja, a importação de 64% da borracha consumida no país.

2 A PECUÁRIA – FAZENDA BARREIRÃO

Em 1953, como já visto, a Companhia Comercial de Terras Sul Brasil S. A., com sede em Marília (SP), adquiriu mais de 2.000 km² de terra, correspondendo a 0,2% do Estado de Mato Grosso e a 2,1% da microrregião do Alto Guaporé-Jauru, iniciando-se o processo de "colonização" na região.

A colonização da Gleba Paulista, como era denominado inicialmente o projeto, teve forte presença de lavradores vindos de Minas Gerais e Espírito Santo, que, ao chegarem à região, compravam ou arrendavam pequenas parcelas de terras e, em seguida, efetuavam o desmatamento e o plantio, basicamente de arroz e feijão.

A formação das pastagens, em grande escala, acontece a partir de 1972, quando os fazendeiros se dispõem a abrir suas glebas e, sobretudo, a partir de 1976, quando a combinação de alguns fatores (perda de fertilidade do solo; problemas de comercialização da produção; estímulo a investimentos no setor financeiro/ caderneta de poupança; perspectivas de aquisição de lotes de maior dimensão em Rondônia etc.) estimula os pequenos e médios proprietários a venderem os seus lotes, já desmatados, e se deslocarem para o projeto de colonização do INCRA em Rondônia (POLONOROESTE).

A partir de então, o processo de agregação, por compra de pequenas e médias propriedades, vai resultar na grande fazenda para criação de gado.

O Movimento dos Sem-Terra, que eclode na região, vai mostrar a fragilidade da propriedade da terra, sobretudo nas grandes fazendas vizinhas aos pequenos lotes, cujos proprietários moram em outras cidades ou em outros estados.

O processo de formação quer da pequena propriedade agrícola – implantada no início da colonização – quer da grande fazenda pecuarista se revela muito agressivo em relação aos recursos naturais.

O aproveitamento da madeira existente em quantidade e variedade na floresta tropical heterogênea foi insignificante, visto que os proprietários das glebas recebiam financiamentos da SUDAM

(PROTERRA) para formar pastagens e criar bois. Estes financiamentos tinham um prazo de 10-12 anos, com 7% de juros ao ano, mas havia uma cláusula contratual para a formação de pastagens em até três anos! Com isso, o aproveitamento da madeira ficou muito prejudicado: as serrarias não tinham tempo nem condições técnicas para a retirada da madeira, nas glebas onde os proprietários concordavam com a venda. Muitos proprietários, alegando que o preço oferecido pelas serrarias era muito baixo, optavam por queimar a floresta, apressando a formação das pastagens.

O Vale do Guaporé-Jauru apresentava uma média de 60 m³/ha de madeira nobre; no entanto, segundo os donos de serrarias entrevistados, o máximo que eles conseguiam retirar da mata virgem era de 20 a 30 m³. O restante, além das espécies vegetais não valorizadas comercialmente, era queimado!

Regra geral, a mata foi eliminada por "arrendatários" que recebiam em troca a permissão de plantar arroz por um a dois anos, e o compromisso de semear o capim colonião... As pragas (cigarrinha, barba-de-bode, rabo-de-burro etc.) comuns às pastagens da região forçaram a substituição do capim-colonião pela *brachiaria*, 25 anos depois. No momento de "refazer o pasto", o solo é gradeado e recebe a semente de *brachiaria*, preservando-se a palmeira bacuri/acuri. O solo nu fica exposto à ação das fortes chuvas no início da primavera, o que provoca uma agudização do processo de erosão-assoreamento-desperenização.

A Fazenda Barreirão apresenta uma dinâmica regressiva, explícita na degradação do potencial ecológico, sobretudo onde a ação antrópica eliminou a floresta para a formação de pastagens artificiais sem a devida atenção às potencialidades erosivas das superfícies neogênicas, de significativa ocorrência na região. Os desníveis topográficos – de vertentes curtas –, agudizados pelo encaixamento dos cursos d'água, o solo arenoso e de grande vulnerabilidade erosiva e, ainda, o manejo inadequado que recebem por parte dos proprietários, pouco atentos à dinâmica da paisagem, contribuem para ativar a morfogênese, cuja manifestação mais evidente é a erosão laminar e em sulcos, que também está comprometendo a dinâmica hidrológica, tendo em vista o grau de aprofundamento do lençol freático e o nível de

AMAZÔNIA: TELEDETECÇÃO E COLONIZAÇÃO 121

assoreamento e de desperenização dos córregos e ribeirões. Os geofácies, cuja cobertura vegetal foi pouco alterada, mantêm-se em plena dinâmica biostásica.

3 O PROJETO DE REFORMA AGRÁRIA – GLEBA MIRASSOLZINHO

Enquanto a riqueza se dirigiu para os Chapadões do Planalto Central e aí desenvolveu uma agricultura capitalista, em grande escala, a partir da ocupação do latossolo de cerrado, a pobreza confronta-se com os grandes criadores de gado, na luta pela posse da terra (de mata) para viver, na periferia da Amazônia.

Para a periferia da Amazônia dirigiu-se o fluxo de migrantes constituído, basicamente, de pequenos proprietários e dos *sem--terra* oriundos dos "excedentes" populacionais do Brasil Meridional ou dos retirantes da seca e da "cerca" da Região Nordeste.

Em certas áreas, próximas dos 13° de latitude sul, encontram--se os sulistas, tentando reproduzir o mesmo sistema agrícola de sua área de origem, ao passo que outros procuram se integrar em projetos mais ambiciosos.

Existem, ainda, grandes fluxos dos eternos "deslocados", oriundos dos estratos mais baixos da população rural, migrantes por fatalidade, à procura da posse de alguma terra, mas sempre desalojados pelos grupos organizados e privilegiados, conflitando com eles, sendo absorvidos por eles, nas últimas tarefas de subemprego, ou sendo deslocados para *novas fronteiras*.

A Gleba Mirassolzinho, próxima ao Alto Guaporé (Ribeirão do Santíssimo e Córrego Abandonado), era, na verdade, uma significativa área de mata que foi "preservada" como terra de especulação pelo grupo que a recebeu do Estado de Mato Grosso, para efeito de colonização, no início da década de 1950.

Em 1986, aproveitando o momento mais favorável para ocupação de terras (início da Nova República do presidente Sarney), os eternos migrantes, que saíram da região de Jauru, em 1984, em direção ao fracassado projeto de colonização do Estado de

Rondônia, coordenado pelo INCRA, retornaram e se apossaram da Gleba Mirassolzinho.

Na condição de *ocupantes*, os *sem-terra* apressaram-se em eliminar a floresta e cultivar o solo, com duplo objetivo: o da sobrevivência e o de garantir (pelo uso) a posse da terra, o que acaba se consumando, posteriormente, graças à intervenção do INCRA.

Os colonos instalados pelos poderes públicos ou a partir de movimentos organizados recebem pouca ou nenhuma assistência técnico-financeira. Então, eles desmatam as parcelas de floresta com o uso do machado e de queimadas e praticam uma agricultura de subsistência (banana, feijão, arroz etc.), conforme se pode observar nas parcelas que aparecem em branco, contrastando com as pastagens (em azul), com as áreas de floresta (vermelho-escuro) e, ainda, com aquelas que sofreram desmatamento recente (vermelho-vivo), conforme se pode observar na Figura 29.

A área apresenta solo pedregoso, na sua maior extensão, com baixa retenção hídrica, fatores favoráveis à ocorrência de espécies vegetais de madeira dura (peroba, angico e aroeira, especialmente).

Tendo em vista o caráter recente e parcial de alteração da exploração biológica, a Gleba Mirassolzinho mantém o potencial ecológico pouco alterado. No entanto, a previsão, dada a forma aleatória da ocupação antrópica, associada aos impactos dos elementos climáticos – que passam a atuar como elementos morfogênicos, após o desmatamento – é de que o processo manifestado inicialmente (biostasia paraclimácica) evolua para um quadro irreversível de dinâmica resistásica.

AMAZÔNIA: TELEDETECÇÃO E COLONIZAÇÃO 123

FIGURA 24 – Foto produzida a partir da CC. 4-5-3, efetuada na imagem LANDSAT TM 228.071A, de 4.7.1992, para mostrar o "uso do solo" na Faz. Triângulo/Guapé, conforme o croqui ao lado.

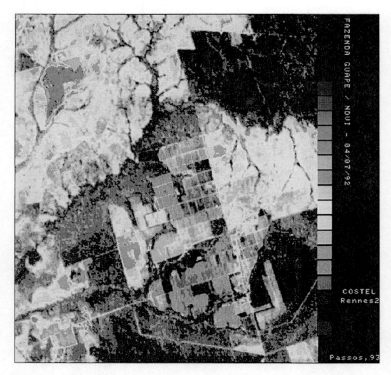

FIGURA 25 – O Índice de Vegetação da Faz. Triângulo/Guapé acusa elevada Densidade da Cobertura Vegetal (tonalidade esverdeada). A diferença de tonalidade observada na área com seringa deve-se à perda parcial das folhas nessa época do ano (julho), mais acentuada em determinados lotes. A tonalidade amarelada indica as áreas de pastagens artificiais. A tonalidade avermelhada indica as áreas de solo nu, como está bem definido na mancha vermelha entre os dois córregos que aparecem a noroeste da figura e, ainda, na faixa retangular formada pelo campo de pouso da fazenda, localizado a sudeste da "foto".

AMAZÔNIA: TELEDETECÇÃO E COLONIZAÇÃO 125

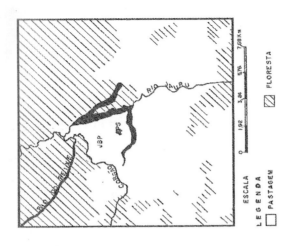

FIGURA 26 – Foto produzida a partir da CC. 4-5-3, efetuada na Imagem LANDSAT TM 228.070C de 4.7.1992, para mostrar o uso do solo na Fazenda Barreirão, conforme croqui.

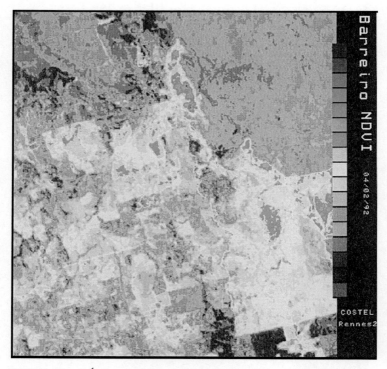

FIGURA 27 – O Índice de Vegetação/*Normalized Difference Vegetation Index* – NDVI, da Fazenda Barreirão, acusa alta *Densidade da Cobertura Vegetal* (tonalidade verde). No entanto, a prática de refazer as pastagens (tonalidade amarelada) acelera a morfogênese, que se mostra de forma mais agudizada nas áreas de solo nu (tonalidade avermelhada).

AMAZÔNIA: TELEDETECÇÃO E COLONIZAÇÃO 127

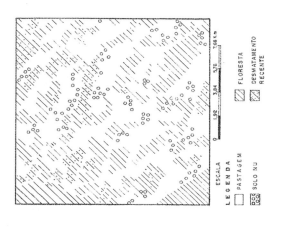

FIGURA 28 – Foto da "Gleba Mirassolzinho", produzida a partir do tratamento digital (CC.4-5-3) da imagem LANDSAT TM 228.070C, para visualizar o "uso da terra", conforme o croqui. Embora a área tenha sido ocupada por agricultores sem-terra, observa-se o avanço de pastagens e o agrupamento dos lotes. Ainda assim, a produção de gêneros de primeira necessidade (arroz, feijão, mandioca, milho, frutos, legumes etc.) abastece os mercados consumidores de Jauru e de Pontes e Lacerda.

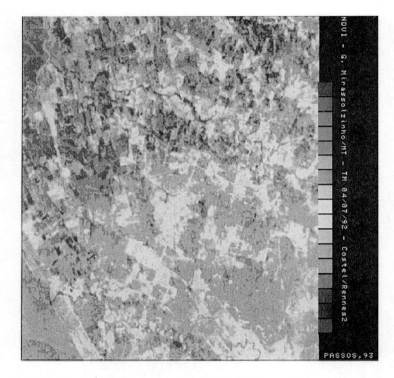

FIGURA 29 – O Índice de Vegetação/*Normalized Difference Vegetation* – NDVI, que tem por objetivo o estudo das variações espaciais da vegetação, acusa a presença de *elevada densidade de vegetação*, na Gleba Mirassolzinho. No entanto, dada a densidade de ocupação antrópica da área, é previsível a expansão das áreas de cultivos e de pastagens artificiais (tonalidade amarela) e o incremento do desmatamento, conforme testemunham as manchas em tonalidade verde--clara, indicadoras de desmatamento recente.

4   A IMAGEM "BRANCA"

I   A FAZENDA BRANCA:
UM EXEMPLO DE COLONIZAÇÃO AGRÍCOLA

Acompanhar a colonização agrícola torna-se fiável desde que se obtenha um número suficiente de dados materiais para um território delimitado. Para compreender as práticas culturais e as estratégias dos fazendeiros seria necessário fazer um estudo sobre um espaço contínuo numa região definida. O estudo que nós realizamos não é senão uma abordagem, um exemplo entre muitos outros, nesse território imenso.

Na "Fazenda Branca", assentada sobre areias quartzosas e latossolo vermelho escuro-distrófico, originalmente revestidos por cerrado arbóreo aberto com floresta-de-galeria, intercalado com agrupamentos de parque e cerrado arbóreo denso, chama a atenção o processo acelerado de eliminação da vegetação natural para implantação de projetos agropecuários, sobretudo ao longo da BR-364, com financiamentos do Banco do Brasil S. A. e do Banco da Amazônia S. A.

A Figura 30 mostra a inserção da Fazenda Branca em áreas definidas como Reservas Indígenas, o que por si só é suficiente para se avaliar a situação de fragilidade dessas reservas diante do avanço do capital para o campo.

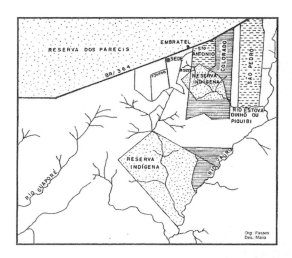

FIGURA 30 – A inserção da Fazenda Branca na área de Reservas Indígenas.

A atual área da Fazenda Branca (83.000 ha) foi adquirida, em 1972, por um grupo de empresários de Curitiba (PR), que no curto período de 1977-1978 dedicou-se ao cultivo de arroz e de feijão. A cultura da soja, nessa fazenda, foi iniciada em 1980, e interrompida em 1988.

Em 1983, foi introduzida a cana-de-açúcar, cuja produção de álcool se deu a partir de 1985, com a conclusão da instalação da destilaria Álcool Branca Ltda., com financiamentos do Banco do Brasil S. A. e do Banco da Amazônia S. A. Assim, entre 1986 e 1990, a produção de álcool a partir da cana (aproximadamente 90.000 litros/dia) constituiu a principal atividade da fazenda. A outra era a pecuária.

A partir de 1990, a destilaria e a área de cultivo de cana foram abandonadas, e a fazenda ficou "inativa" durante o período de 1990-1992, quando foi hipotecada pelo Banco do Brasil S. A.

A partir do segundo semestre de 1992, a área de cana foi arrendada para um grupo de cinco produtores de soja. O cultivo de soja na Chapada dos Parecis se dá a partir da segunda quinzena de outubro (variedade precoce) e vai até 20 de dezembro. De 15 de novembro a 15 de dezembro é o melhor período para o plantio de soja. No entanto, planta-se em janeiro, a "safrinha" – soja precoce – e também o plantio direto de milho. Este plantio de soja em janeiro perde em quantidade, mas ganha em qualidade. É próprio para a produção de sementes.

A praga de gafanhotos constitui-se um grande problema para os produtores instalados na Chapada dos Parecis. O gafanhoto (*Schistocerca parecis* e *Phammatocerus* sp) ataca tão somente as gramíneas (milho, arroz, cana etc.), ao passo que a soja é atacada por lagartas e percevejos.

Atualmente, observa-se que 3.000 ha da fazenda encontram-se arrendados para o plantio de soja e 1.000 ha estão ocupados por pastagens, apesar da ação hipotecária e de interdição de qualquer tipo de atividade na área, movida pelo Banco do Brasil S. A.

A "Fazenda Branca" compõe-se de áreas cuja biostasia original foi atingida pela ação antrópica, sem modificação importante do potencial ecológico. A substituição da cobertura vegetal de cerrado para a implantação de projetos agropecuários interferiu mais na exploração biológica. Regra geral, a morfogênese só é mais ativa que a pedogênese em setores localizados, sobretudo nas "áreas de expansão", onde o solo é gradeado e deixado à mercê dos agentes exodinâmicos: erosão eólica, no período de estiagem; erosão laminar, provocada pelo escoamento superficial difuso muito intenso, no início da estação chuvosa.

2 A IMAGEM "BRANCA"

A imagem "Branca" reteve a atenção por seu aspecto atípico, por sua "estrutura", por sua forma, mas também pela particularidade de sua denominação.

A Figura 31 foi efetuada após controle de terreno. A imagem foi captada em 4 de julho de 1992, por um satélite de segunda geração, LANDSAT 5 Thematic Mapper.

Esta imagem é uma composição colorida (CC. 4-5-3), sem tratamento estatístico.

Nós trabalhamos com apenas três das sete bandas espectrais do satélite LANDSAT TM:

O canal TM3, correspondendo à banda do vermelho (0,62 a 0,69 µ), ressalta as superfícies vegetais, pois a clorofila dos vegetais verdes absorve as radiações vermelhas.

O canal TM4, correspondendo à banda do infravermelho próximo (0,76 a 0,90 µ), ressalta, também, os vegetais que refletem e não absorvem as radiações infravermelhas, assim como as superfícies minerais que se comportam inversamente aos vegetais.

O canal TM5, correspondendo à banda do infravermelho médio (1,55 a 1,75 µ), coloca em evidência o teor em água, dos solos e dos vegetais.

2.1 Estudo sobre os parâmetros espectrais

A maior parte dessa imagem, de 15,36 km x 15,36 km, está numa zona coberta por vegetação de *campo cerrado*; aproximadamente 1/6 desse quadrado (situando-se na zona sudeste) teria sido uma savana arbórea clara com florestas de galerias. Apesar das mudanças ocorridas, é possível propor algumas observações:

- A estratificação irregular e a repartição não uniforme da vegetação herbácea, que se apresenta geralmente em tufos nos cerrados, deixa necessariamente espaços de solo nu em forma de manchas, o que interfere na resposta espectral. Os solos e os vegetais têm curvas testes diferentes – isto significa que pode haver aí numerosos pixels mistos.[1]

- A resposta espectral da vegetação é complexa, visto que a planta é sensível aos parâmetros exteriores tais como mudanças climáticas (particularmente sensível ao fenômeno da secura/ estresse hídrico), às eventuais invasões de insetos etc. As diferentes cores que aparecem no campo de cana-de-açúcar nos levam a supor que os estádios fenomenológicos são particularmente marcados.

---

1 Pixels que cobrem muitos tipos de ocupação do solo.

AMAZÔNIA: TELEDETECÇÃO E COLONIZAÇÃO 133

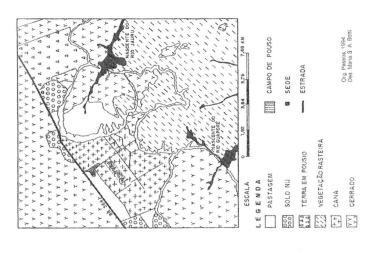

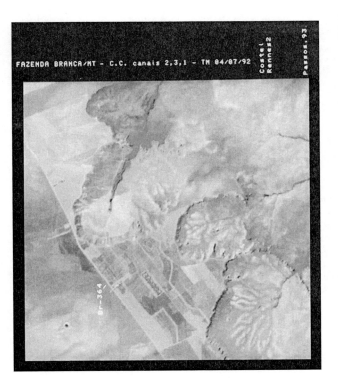

FIGURA 31 – Foto da "Fazenda Branca", produzida a partir do tratamento digital (CC. 4-5-3) da imagem LANDSAT TM (228.070C) de 4 de julho de 1992, para visualizar o "uso da terra", conforme o croqui.

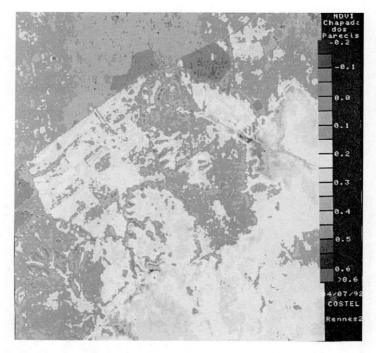

FIGURA 32 - NDVI da Chapada dos Parecis, que acusa a baixa *Densidade da Cobertura Vegetal* da Chapada dos Parecis. A tonalidade vermelha refere-se aos mais baixos índices de vegetação, conforme se constata pela legenda colocada à direita da "foto". A tonalidade amarelada acusa a ocorrência da área de cana degradada e, ainda, de vegetação de cerrado aberto (parque) com predomínio do estrato rasteiro (gramíneas). A tonalidade esverdeada focaliza os mais elevados índices de vegetação, junto às nascentes dos rios Guaporé e Jauru e, ainda, no retângulo ocupado por *Eucalyptus* sp, cujos exemplares estão dispostos de forma a representarem as letras da palavra BRANCA.

2.1.1 Os tratamentos simples

O tratamento da imagem satelitar foi efetuado em Rennes (França), a partir do programa Erdas, versão 7.5; os "fichiers"/ imagens são transferidos por intermédio do Sun-Vicom (unidade de transmissão) para os terminais (PC-486) munidos do programa Cartel.

2.1.1.1 O reforço dos contrastes

O realçamento dos contrastes se torna necessário antes de qualquer trabalho sobre as imagens. Existem muitos meios, lineares ou não lineares, para aumentar os contrastes de uma imagem. As formas lineares que utilizamos são:

- o programa *Bstats* para Erdas que permite construir um "fichier" estatístico reutilizável para outros programas, ao mesmo tempo que permite guardar em memória a imagem com seu realçamento de contrastes.

- sobre o Cartel é necessário proceder a cada vez ao "étalement", exposição da dinâmica em cada canal (o que equivale a estender os valores do histograma entre 0 e 255).

Realizando sobre a imagem "Branca" somente um realçamento dos contrastes com uma composição colorida, obtém-se uma imagem que apresenta seu máximo de informação. Os tratamentos são destinados a homogeneizar as zonas idênticas.

2.1.2 As composições "não coloridas"

Os computadores ou os terminais dispõem de três memórias coloridas: *vermelha, verde* e *azul*. Para alguns tratamentos pode ser muito útil visualizar uma imagem em preto e branco. A visualização de um único canal é importante para observar-se informações que seriam dissimuladas pela associação dos três (exemplo: o canal 4 faz ressaltar as vias de comunicações asfaltadas e as zonas urbanas). Nesse caso o valor de cada pixel é o mesmo nos três canais; para realizar esta composição é preciso optar pelas três cores num mesmo canal.

Assim, obtêm-se três novas imagens (7, 8 e 9) em preto e branco.[2]

- A imagem 8 mostra que os *Eucalyptus* aparecem em branco, assim como a vegetação que se encontra nos afluentes do Jauru e a zona queimada ressaltada em tom palha; os valores de cinza são pouco diferenciados. Esta imagem não comporta elementos significativos.

- As imagens 7 e 9 são mais interessantes na medida em que os valores de cinza dão uma forma de relevo da vegetação para o campo de cana-de-açúcar. Apesar da presença da linearidade produzida pelo "écran" sobre as imagens, distinguem-se trechos mais claros que os outros (é possível deduzir-se que há dois tipos de espaços ocupados pela cana-de-açúcar: uma vegetação ainda verde e a outra em estado avançado, passando para a desidratação). Para o restante, as zonas nas tonalidades claras marcam uma fraca taxa de recobrimento da vegetação. O canal 3 é sensível à clorofila e o 5, ao teor em água.

A imagem 7 assinala um contraste preto e branco mais acentuado. Contrariamente à imagem 9, ela não torna homogêneos o solo nu e o cerrado situado ao norte da estrada (BR-364).

Infelizmente, estas imagens estão produzidas apenas em diapositivos.

2.1.3 As composições coloridas qualificadas "positivas"[3]

A cor de um pixel é dada por suas coordenadas no vermelho, verde e azul; pode ser representada num cubo de 256 unidades de lado, obtendo-se assim uma gama de cor de 256.[3] Nas composi-

---

2 A imagem 7 corresponde aos canais (3,3,3); a imagem 8 (4,4,4), e a imagem 9 (5,5,5).

3 Os valores tomados em cada um dos canais não foram afetados senão pelo "étalemente" da dinâmica, e são considerados positivos.

AMAZÔNIA: TELEDETECÇÃO E COLONIZAÇÃO   137

ções coloridas, utilizando canais do visível, pode-se obter uma coloração da imagem próxima de suas cores naturais (é uma das vantagens do LANDSAT TM).

A composição colorida mais utilizada para os trabalhos foi aquela de 4-5-3, isto é, a que traz em geral os melhores resultados para LANDSAT.

A realização das composições coloridas permite diferenciar sobre esta imagem três grandes zonas:

a) Norte e Noroeste, correspondendo à área indígena delimitada pela BR-364; sua topografia lembra uma região muito plana; se não houvesse a presença de uma área recentemente queimada, ela seria quase homogênea.

b) Ao lado da BR-364, distingue-se um território dominado pelas culturas, evidenciado pelas divisões das parcelas (caminhos ou simplesmente delimitação por uma ocupação em valor diferente). Observam-se o extenso campo de cana-de-açúcar e as pastagens em volta da plantação de *Eucalyptus* que "desenham" a palavra Branca, sempre no limite da BR-364. Observa-se, ainda, um espaço ocupado por culturas, onde uma parte estava anteriormente plantada com soja. Estes campos parecem igualmente cultivados sobre terras planas.

c) Uma zona com relevo mais movimentado:

- com os escarpamentos que se desenham em forma de anfiteatro e que circundam a rede hidrográfica;
- com as formas anastomosadas dos afluentes do Rio Jauru que se inserem nos escarpamentos. A diferença notável de cor que aparece nos dois escarpamentos maiores resulta de uma diferença de umidade dos solos. O escarpamento de leste apresenta um desnível bastante importante mas, contrariamente aos dois outros que têm no interior formas convexas-côncavas, há um fundo plano e seu curso d'água tem um desenho mais retilíneo. À medida que se dirige para oeste, mais o desnível e a forma se acentuam.

Após determinar estes espaços, ensaiamos a definição dos padrões testes para ver suas mudanças, ou não, em face dos diferentes atributos dos canais nas várias cores. Estes são de três tipos (solo nu, vegetação, água) e correspondem aos locais onde a cor é mais homogênea (Figura 33).

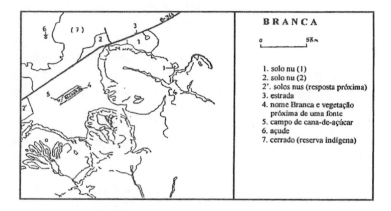

FIGURA 33 - Localização dos diferentes testes.

Graças ao programa Curses pode-se encontrar o valor dos pixels em cada um dos seus canais – o Quadro 6 apresenta um único exemplo para cada amostra. Uma dada cor (sua tonalidade e sua claridade) pode caracterizar espaços de solo ou de vegetação que são discerníveis, ao passo que as superfícies que tendem às mesmas características podem ser coloridas diferentemente (mesmo com valores de pixels muito próximos).

Desde que um pixel é caracterizado por um valor forte, é possível atribuir-lhe uma cor precisa. Por exemplo: se queremos o *Eucalyptus* em azul, vermelho ou verde, põe-se o PIR na opção "cor escolhida"; as cores complementares são obtidas pelos dois valores mais fortes. Para ter um solo nu rosa-violeta (magenta), faz-se a intersecção do azul e do vermelho; a claridade deve variar em razão do terceiro valor.

2.1.4 Contribuições do Quadro 6

- *Os solos nus*: este quadro nos permite ver que a estrada não asfaltada está com a mesma cor do campo de solo nu (1) do lado sul, e que se opõe literalmente ao solo nu (2) que se encontra ao norte desta via de comunicação. Encontram-se as manchas de solo nu (1) na vertente do escarpamento, nas proximidades do campo citado. A partir das observações de terreno, constata-se que todos os solos nus têm os mesmos constituintes pedológicos.

- *A vegetação*: a vegetação apresenta uma grande disparidade: entre as zonas muito uniformes que se encontram nos terrenos úmidos temos a zona intermediária da cultura de cana-de--açúcar, ela mesma muito diversificada, depois os espaços que são considerados cerrados (eles mesmos apresentando espécies vegetais dominantes diferentes). Por essas razões seria arriscado escolher muitas amostras testes. Os *Eucalyptus* de Branca têm uma resposta espectral próxima da vegetação rica em água e em clorofila (estamos, no momento dessa informação, na estação seca). Observa-se igualmente um conjunto de zonas de cana--de-açúcar que têm respostas pouco distintas das precedentes. É oportuno lembrar que no momento da captação da imagem satelitar esta fazenda permanecia em estado de abandono.

Em alguns locais pode-se supor o aparecimento da água, particularmente nas composições 4-3-5 e 4-5-3, mas é difícil dizer que uma composição fornece novos elementos em relação a uma outra, pois há sempre uma correlação entre elas.

Estas composições coloridas fornecem detalhes que não é possível verificar, notadamente os diferentes estágios de maturidade ou de degenerescência da cana-de-açúcar; assim como para a vegetação que se encontra ao sul dos escarpamentos, que parece conhecer, em algumas partes, um estresse hídrico e, em outras, uma boa hidratação.

Quadro 6 – As composições coloridas "positivas"

Nº	Teste	Solo nu (1)	Solo nu (2)	BR-364	Vegetação em zona úmida	Cana-de-açúcar Branca	Açude
	Canal	41, 16, 20	27, 14, 15	46, 17, 20	21, 24, 10	25, 21, 13	7, 10, 6
1	5 4 3	rosa-violeta	rosa-escuro	rosa-violeta	verde forte	verde- escuro	preto
2	5 3 4	amarelo-escuro	verde muito escuro	amarelo-escuro	azul-oceano	azul-oceano	preto
3	4 3 5	azul-forte	verde-escuro	azul/branco	azul-escuro homogêneo	azul-escuro não homogêneo	preto
4	4 5 3	muito azul	azul-escuro	muito azul	muito vermelho uniforme	azul-escuro	preto
5	3 4 5	rosa-violeta	marrom-escuro	rosa-violeta	muito verde	verde não homogêneo	preto
6	3 5 4	amarelo-escuro	vermelho-escuro	amarelo-escuro	azul-oceano homogêneo	azul não uniforme	preto

2.1.5 Ensaio de classificação

A classificação tem por objetivo melhor caracterizar as "classes" que se podem distinguir a olho nu, ou mesmo eliminar algumas, dando para cada uma delas uma cor homogênea. Sobre os dois polígonos definidos – cana-de-açúcar e cerrado –, efetuamos primeiramente uma classificação não supervisionada, que depende de parâmetros estatísticos (número de classes máximas, número máximo de interações etc.).

ISODATA (Interative Self-Organizing Data Analysis Technique) foi aplicado sobre o "fichier" da cana-de-açúcar. Este programa produziu cinco classes, às quais atribuímos uma cor. Isto significa que para o campo de cana-de-açúcar distinguem-se quatro estados diferentes de cultura. O objetivo não era detectar o estado fenológico de cada parcela no interior do campo da cana-de-açúcar; no entanto, ficam evidentes as diferenças das composições coloridas. Nota-se que:

- os *Eucalyptus* e a parcela de cana-de-açúcar pertencem à mesma classe;
- as pastagens confundem-se com uma parte da cana-de-açúcar e, ainda, com os solos nus (pista de pouso, estrada, uma parcela na cana-de-açúcar).

2.2 Estudo sobre os parâmetros espaciais

A imagem Branca oferece uma paisagem muito diferenciada quando confrontada com as demais unidades básicas da Região Guaporé-Jauru.

Branca se encontra centrada sobre a zona do pediplano mais elevado da Chapada dos Parecis, que corresponde ao relevo plano sobre a imagem e, pois, à zona de culturas.

O fato de trabalharmos sobre uma imagem suficientemente grande nos permite uma discriminação mais diversificada:

- a colocação em evidência das parcelas agrícolas, dos caminhos e de muitas linhas ou curvas;

- algumas parcelas são verdadeiramente de solos nus;
- o recorte em forma circular no cerrado da Reserva Indígena, ao norte da BR-364, deve-se à variação das taxas de recobrimento da vegetação;
- a distinção em duas tonalidades no escarpamento a oeste provém de uma diferença hídrica;
- o campo de cana-de-açúcar com sua heterogeneidade;
- algumas pastagens suplementares;
- o traçado da água nos afluentes do Jauru;
- a parte sul-sudeste, mal definida quanto aos elementos da cobertura superficial, em tom claro;
- duas zonas foram classificadas unicamente a partir das observações de campo, não tendo nenhuma característica comum com o resto da imagem.

5 CONSIDERAÇÕES FINAIS

Neste capítulo final vamos tecer algumas considerações sobre a aplicabilidade da teledetecção ao estudo da colonização agrícola, primeiramente, e, logo após, faremos uma avaliação da dinâmica e do estágio atual em que se encontra o modelo de ocupação do território matogrossense.

Uma imagem pode necessitar de tratamentos diferentes para atingir os resultados de sua interpretação. A imagem 512 x 512, sobre a qual o estudo foi realizado, apresenta três categorias de espaços e, por consequência, faz apelo a tratamentos variados: observa-se que o *zoom* age favoravelmente, melhorando a leitura da palavra desenhada pela plantação de *Eucalyptus*; pelo contrário, o filtro morfológico o torna muito mais impreciso; a classificação muito frequentemente utilizada para detectar o plantio agrícola não pode produzir o resultado satisfatório sobre a cana-de-açúcar (a dificuldade está ligada ao fato de que as diferentes parcelas apresentam diferenças temporais na plantação e colheita); enfim, resta toda uma zona onde há uma variação progressiva em termos da resposta espectral e para a qual não há um método particular a aplicar. Num tal exemplo, o ideal seria combinar um conjunto de programas, por vezes escolhendo-se interpretar a imagem integralmente, por vezes dividi-la por temas.

A cultura de cana-de-açúcar – importante no passado – e a da soja – valorizada pelo mercado internacional – impulsionam o setor agrícola responsável pela progressão importante da "marcha para oeste". No que se pode observar sobre a imagem Branca, infelizmente de uma dimensão insuficiente, a produção da cana-de-açúcar se faz sobre uma extensão de muitos quilômetros quadrados; este mesmo fato é observado para a soja, cuja cultura se desenvolve sobre áreas ainda mais extensas. Não há dúvida de que um acompanhamento da colonização, da gestão das terras agrícolas e de seus recursos pode ser realizado a partir das imagens satelitares, mas ele representa uma soma de trabalho e de investimentos em que o Brasil não está, talvez, bem engajado. Os trabalhos mais importantes são confiados a organismos do Estado, os menos importantes são distribuídos de forma esporádica.

O Brasil é um dos poucos países onde se continua a integrar novos espaços ao preço da segregação das tribos indígenas, da marginalização de uma classe social pouco favorecida e de uma transformação do espaço natural e rural. Este fenômeno, acentuado pelos acasos da conjuntura, tendo, de um lado, a necessidade socioeconômica e, de outro, as consequências sobre o meio ambiente, dificulta o encontro de um modelo socialmente justo e ambientalmente correto.

O processo de produção do espaço brasileiro tem se dado à custa do uso extensivo dos recursos naturais que, em razão das dimensões continentais do território, permite que a população aumente sem a necessidade de realizar grandes esforços no sentido da acumulação. As derivações antropogênicas negativas da paisagem são "compensadas" pela expansão do espaço econômico. Expansão espacial, materializada pelo avanço das frentes pioneiras, cuja fotografia final é, regra geral, uma pintura em preto e branco onde as vicissitudes são predominantes.

O processo de colonização e de valorização dos espaços vazios ao longo da história do Brasil se deu por etapas – com predomínio de um ou da associação de múltiplos esquemas –, e foi movido pela produção de matérias-primas voltadas para o mercado externo. Essa é uma das razões da fragilidade desses esquemas, ditos de modernização.

As políticas de modernização e desenvolvimento praticadas no Brasil se notabilizam pela definição de "pactos" sociais que se identificam pelos seus conteúdos essenciais. Os esquemas (1) oligárquico tradicional, (2) nacional populista, (3) da redefinição capitalista pós-1964 e (4) neoliberal (Brasil Novo/Brasil do Real) entendem a modernização como sinônimo de desenvolvimento e, este, como sinônimo de crescimento econômico. Embora nenhum desses esquemas explicite claramente, é óbvio que a acumulação de capitais só pode ser alcançada mediante a exploração sistemática de setores da população e da natureza.

De um lado, o Estado assume um papel determinante na intervenção e funcionamento da economia; de outro, ele exalta a iniciativa privada e as "virtudes" do mercado livre, notadamente no setor agrícola. Regidas pelo mercado, e com a benevolência do Estado, as políticas de modernização tornam-se a "lei do mais forte", desestruturando o desenvolvimento regional.

O processo de colonização dirigido tanto pelos poderes públicos como pela iniciativa privada, se dá à custa da marginalização dos pequenos proprietários e, sobretudo, dos trabalhadores sem-terra.

No Plano Brasil Novo (governo Collor) e no Brasil do Real (governo FHC), a política neoliberal de intervenção no setor agrário pune tanto os *com-terra* como os *sem-terra*. Vejamos:

- O Pacote Agrícola definido pelo Plano Brasil Novo (*Gazeta Mercantil*, 16.8.1990) determina a suspensão de acesso ao crédito de custeio oficial às terras situadas abaixo do paralelo 13, portanto, abrangendo as frentes pioneiras estabelecidas na Amazônia Legal. O resultado imediato dessa política agrícola foi a inviabilização da cultura de soja na região de fronteira agrícola, estabelecida anteriormente, comprovada pela redução de 30% da área plantada.

- Os principais itens responsáveis pelo abandono do plantio de soja, apontados pelos produtores da região Centro-Oeste, são: (a) o aumento do custo do frete que, então, correspondia a 30% do valor do produto colocado no Porto de Paranaguá (PR); (b) a suspensão de financiamentos e as taxas elevadas dos juros praticados no mercado, impedindo o uso de insumos modernos, o que afeta diretamente o desempenho da produtividade; (c) a taxação sobre produto e insumos com o Imposto sobre Circulação de Mercadorias e Serviços (ICMS); (d) a defasagem da política cambial, que vem desvalorizando o preço da soja no mercado internacional.

Essa política, que contribui para a desagregação de economias regionais em processo de consolidação, se mantém atualizada no Brasil do Real, conforme explicitado por Beting (1996):

> em 1995, já nas águas quentes da "rationale" econômica do Real, submetemos a vida dos nossos 5 milhões de com-terra, de todos os portes e em todas as partes, a um calvário de cinco cruzes: (1) o preço nunca esteve tão baixo; (2) o crédito nunca esteve tão curto e tão caro; (3) a carga fiscal nunca esteve tão pesada; (4) o câmbio nunca esteve tão defasado; (5) o mercado nunca esteve tão aberto à invasão do similar importado.

Na verdade, o esforço brasileiro de desenvolver-se e integrar-se no bloco dos países do "primeiro mundo" capitalista nos tem levado ao "paradoxo" do crescimento do Produto Interno Bruto, ladeado por um quadro de pobreza absoluta da maioria de sua população, definindo uma grave dívida social interna.

Neste fim de século, em que a globalização das economias e a integração dos mercados surgem como processos geradores de novos padrões de relação territorial em todos os níveis e escalas (continentes, países, regiões, unidades locais), torna-se extremamente importante aprofundar e comparar diferentes experiências de integração e cooperação regionais (NAFTA, MERCOSUL, UE etc.). É preciso planejar as diferentes formas de integração em países que, por pertencerem a diferentes âmbitos regionais, conhecem diferentes estágios de desenvolvimento, diferentes estruturas administrativas e diferentes relações com os mercados internacionais.

Não se pode tratar todos igualmente, ou querer um processo que leve à homogeneização e, portanto, à desintegração regional. É preciso, pois, dar-se primordial atenção ao desenvolvimento e à integração regional.

Os sucessos obtidos, até então, pelo Plano Real devem ser vistos dentro do seu real contexto, ou seja, o do controle da inflação à custa de um preço que a sociedade brasileira está "pagando para ver".

Até 1950, o Estado de Mato Grosso seguiu uma política de distribuição de lotes de terras de pequenas dimensões – com algumas exceções –, atendendo basicamente aos "machadeiros", garimpeiros e agricultores de poucos recursos financeiros.

As colonizações dos anos 50, efetuadas pelo Estado de Mato Grosso através de prestações de serviços com colonizadoras particulares, mostram uma nova realidade: o incentivo à colonização particular.

Após a divisão estadual (1979), a política de efetiva ocupação e povoamento do território matogrossense enfatizou os projetos de colonização, que foram atraídos pela imensa disponibilidade de terras baratas.

De forma simplificada, pode-se afirmar que, enquanto a agricultura capitalista-mecanizada dirigiu-se para os chapadões areníticos revestidos de cerrados, os pecuaristas e agricultores pobres dirigiram-se às áreas de floresta – resultando, regra geral, em relações pouco amistosas.

As sucessivas crises: dos projetos de colonização, do modelo agroexportador (soja e carne), o agravamento da situação fundiária (MST), a política do Real etc., levaram o Estado à falência: 80% das terras estão à venda a preços bastante desvalorizados (de R$ 600,00 para R$ 200,00 o hectare); faltam recursos para investimentos em infraestrutura etc. Enfim, o modelo agroexportador foi abortado, após gerar concentração latifundiária, impactos ambientais e agravar a questão agrária.

Em relação ao Estado de Mato Grosso, é preciso criar-se outro modelo. O atual (projetos de colonização, agroexportador, latifundista etc.) está desacreditado e falido, e mostrou-se inviável diante da nova conjuntura nacional.

Os dados do censo populacional realizado em 1996 pela Fundação Instituto Brasileiro de Geografia e Estatística (IBGE) acusam uma taxa de crescimento demográfico de apenas 1,9% no período de 1991 a 1996. Confrontada com as taxas de crescimento demográfico verificadas nas últimas três décadas (1960, 1970 e

1980) observa-se que a redução foi significativa, visto que as taxas do Estado – tido, até então, como o "Eldorado" de milhares de brasileiros – foram de 6%, 6,6% e 5,4%, respectivamente.

Essa desaceleração do crescimento populacional do Estado de Mato Grosso deve-se, especialmente, à interrupção dos fluxos migratórios de outras regiões e, claro, à atual conjuntura do modelo de desenvolvimento.

Uma variável ainda não quantificada, mas de reflexos extremamente negativos para o desenvolvimento do Estado de Mato Grosso, é a perda de parcela significativa da população que conseguiu capitalizar-se à custa dos recursos naturais e dos incentivos fiscais e que, diante da conjuntura atual, vem se "repatriando" para regiões onde a qualidade de vida e as possibilidades de educar os filhos são melhores.

É preciso, pois, encontrar um modelo reproduzível e duradouro, ou seja, que beneficie um número maior de indivíduos por um tempo mais longo – propiciando não apenas oportunidades de acumulação, mas, sobretudo, motivação para aplicação – em projetos de desenvolvimento locais e regionais – dos lucros acumulados.

REFERÊNCIAS BIBLIOGRÁFICAS

ABREU, D. S. *Recortes*. Presidente Prudente: Impress, 1997. 255p.

AB'SÁBER, A. N. O Planalto dos Parecis, na região de Diamantino, Mato Grosso. *Boletim Paulista de Geografia (São Paulo)*, n.17, p.63-79, jul. 1954.

_____. Conhecimentos sobre as flutuações climáticas quaternárias no Brasil. *Revista Soc. Bras. Geol. (São Paulo)*, v.6, n.1, p.41-8, 1957.

AUBERTIN, C. *À travers l'évolution démographique du Centre-Ouest brésilien*: une lecture des systèmes productifs. Convertion DRSTOM--CNPq-UnB. Paris, 1984. 22p. (Mimeogr.).

AYALA, S. C., SIMON, F. *Album graphico do Estado de Mato Grosso*. Corumbá: Hamburgo, 1914.

BANCO DA AMAZÔNIA S. A. *Desenvolvimento econômico da Amazônia*: redação preliminar. Belém: Universidade Federal do Pará, 1966. 130p.

BARDINET, C. Télédétection et géographie: une ère nouvelle de l'observation de la Terre. *Hérodote (Paris)*, n.12, p.127-48, 1978.

BARIOU, R. *Manuel de télédétection*. Paris: Sodipe, 1978. 349p.

_____. (Coord.) *Dynamique de l'eau et télédétection*. Costel-Ura: Université Rennes 2, 1994. 165p.

_____. *Approche théorique de la télédétection*. Scolaqua: Université Rennes 2, 1995. 110p.

BETING, J. Secos e molhados. *O Imparcial*, Presidente Prudente, 10 nov. 1996. Caderno 2-B, p.4.

BETTY, B. M. Avaliação do programa Polonoroeste. In: *Povos indígenas no Brasil/83*. São Paulo: CEDI, 1984. (Aconteceu Especial, 14).

BONN, F., ROCHON, G. *Précis de télédétection*. Québec: Université du Québec, 1992. 341p. (Col. Principes et Méthodes, 1).

BRANFORD, S., GLOCK, P. *The last frontier*: fighting over land in the Amazon. London: Zed Press, 1985. 263p.

BRASIL (Ministério do Interior). Superintendência do Desenvolvimento da Amazônia. *I Plano Quinquenal de Desenvolvimento*: 1967-1971. Belém: SUDAM, 1967. 167p.

_____. *II Plano de Desenvolvimento da Amazônia*: detalhamento do II Plano Nacional de Desenvolvimento (1975-1979). Belém: SUDAM, 1975. 123p.

_____. *III Plano de Desenvolvimento da Amazônia*: 1980-1984. Belém: SUDAM, 1979. 174p.

CALOZ, R. *Télédétection appliquée*: notes de cours. Lausanne: École Polytechnique Fédérale de Lausanne, 1990. 90p.

CARDOSO, F. H., MULLER, G. *Amazônia: expansão do capitalismo*. São Paulo: Brasiliense, 1977. 284p.

CASTELNAU, F. *Expedição às regiões centrais da América do Sul*. São Paulo: Nacional, 1949. v.2.

CASTRO, A. B. de. *A economia brasileira em marcha forçada*. Rio de Janeiro: Paz e Terra, 1985. 217p.

COLLET, C. *Systèmes d'information géographique en mode image*. Lausanne: Polytechnique et Universitaires Romandes, 1992. 186p. (Col. Gérer L'Environnement).

CORRÊA FILHO, V. *História de Mato Grosso*. Rio de Janeiro: INL, 1969.

COSTER, M., CHERMANT, J. L. *Précis d'analyse d'images*. Paris: CNRS, 1989. 82p.

COY, M. Pioneer front and urbom development. Social and economic differentiation of pioneer towns in Northern Mato Grosso (Brazil). *Applied Geography and Development*, v.39, p.7-9, 1990.

DEAN, W. *A luta pela borracha no Brasil*. São Paulo: Nobel, 1989. 265p.

DUBREUIL, V. Régions sèches et régions humides: l'analyse de l'espace par télédétection. In: BARIOU, R. *Dynamique de l'eau et télédétection*. Rennes: Université Rennes 2, 1994. p.281-360.

FURTADO, C. *Formação econômica do Brasil*. Rio de Janeiro: Fundo de Cultura, 1959. 292p.

HALL, L. *Amazônia: desenvolvimento para quem?* Rio de Janeiro: Zahar, 1991. 300p.

IANNI, O. *Colonização e contrarreforma agrária na Amazônia*. Petrópolis: Vozes, 1979. 320p.

AMAZÔNIA: TELEDETECÇÃO E COLONIZAÇÃO   151

IBASE. Dossiê Amazônia. Rio de Janeiro, 1984. (Mimeogr.).

JARVIS, L. *Livestock Development in Latin America*. Washington, DC: World Bank, 1986. 276p.

LAMOSO, L. P. *O processo de ocupação da Amazônia Matogrossense*: o exemplo de Jauru/MT. Presidente Prudente, 1994. Dissertação (Mestrado) – Faculdade de Ciências e Tecnologia, Universidade Estadual Paulista.

LIMA, M. I. C. et al. *Relatório de viagem integrada a Rondônia e BR-364, de Porto Velho a Cuiabá*. Belém: RADAMBRASIL, 1977. 158p.

MAMIGONIAN, A. A inserção de Mato Grosso ao mercado nacional e gênese de Corumbá. *Geosul* (*Florianópolis*), v.1, n.2, p.35-60, 1984.

MARTINS, G. A evolução recente da estrutura de produção agropecuária: algumas notas preliminares. *Análise de Dados do Censo Agropecuário de 1985*. Brasília, jul. 1985.

MARTINS, J. S. *A militarização da questão agrária no Brasil*. Petrópolis: Vozes, 1984. 264p.

MONTEIRO, C. A. F. *A questão ambiental no Brasil*: 1960-1980. São Paulo: USP, IGEOG, 1981. 133p.

MORENO, G. *Os (des)caminhos da apropriação capitalista da terra em Mato Grosso*. São Paulo, 1993. Tese (Doutorado) – Universidade de São Paulo.

OLIVEIRA, A. U. *Integrar para não entregar*: políticas públicas e Amazônia. Campinas: Papirus, 1988. 107p.

PASSOS, M. M. dos. Observações fitossociológicas no sudoeste do Mato Grosso: interflúvio das bacias dos rios Juruena, Paraguai e Guaporé. *Caderno Prudentino de Geografia* (*Presidente Prudente*), n.3, p.71-9, 1981.

_____. A exploração da Floresta Amazônica. II ENCONTRO NACIONAL DE ESTUDOS SOBRE O MEIO AMBIENTE. Florianópolis, 24 a 29 set. 1989. v.1: Comunicações, p.58-62.

PRADO JÚNIOR, C. *História econômica do Brasil*. 9.ed. São Paulo: Brasiliense, 1965. 280p.

REIS, A. C. F. *A Amazônia e a cobiça internacional*. Rio de Janeiro: Civilização Brasileira, 1982. 140p.

SCHWANTES, N. *Uma cruz em Terra Nova*. São Paulo: Scritta, 1989. 190p.

SOUZA, M. *O empate contra Chico Mendes*. São Paulo: Marco Zero, 1990. 130p.

STERNBERG, H. O'R. *Frontières contemporaines an Amazonie brésilienne*: quelques consequences sur l'environnement. Les phenomènes de frontière dans les pays tropicaux: objectifs et mecanismes de mouvements pionniers. (Table organisée par l'Institut des Hauts Études de l'Amérique Latine, avec la patronage du CNRS). Paris, 1979.

TRICART, J. Existence de périodes sèches au quaternaire en Amazonie et dans les régions voisines. *Revue de Géomorphologie Dynamique (Strasbourg)*, v.23, p.145-58, 1974.

_____. Géomorphologie et mosaiques radar: exemples brésiliens. In: _____. *Télédétection et géographie appliquée en zone aride et sud-mediterranéenne*. Paris: ESJF, 1982. p.33-84. (Col. de L'Ecole Supérieure de Jeunnes Filles, 19).

TRICART, J., LUTZ, G. L'étude integrée du milieu écologique au moyen d'images de télédétection. *Journ. d'Ét. Télédétection des Ressources Naturelles (Paris)*, p.356-76, oct. 1971.

LISTA DAS FIGURAS

Figura 1 – Os principais domínios do espectro eletromagnético 26

Figura 2 – As janelas da atmosfera e a irradiação eletromagnética 28

Figura 3 – Reflexão e rugosidade:
a) superfície lisa ou muito fracamente rugosa;
b) superfície rugosa; c) superfície média rugosa 32

Figura 4 – Esquema dos componentes de uma varredura ou *scanner* mecânico 36

Figura 5 – Evolução da população no Brasil (%) – 1940-1991 59

Figura 6 – Diversificações regionais dos problemas ambientais 60

Figura 7 – Evolução dos espaços desmatados de Mato Grosso 67

Figura 8 – Mato Grosso: área desmatada – 1980-1986 (autorizada pelo IBDF) 67

Figura 9 – O desmatamento na Amazônia Legal 69

Figura 10 – As grandes zonas demográficas e econômicas 73

Figura 11 – Mato Grosso: evolução da população rural e urbana – 1980-1991 77

Figura 12 – Mato Grosso: divisão política/FCR/SEPLAN 81

Figura 13 – Primeiros núcleos de povoamento 83

Figura 14 – Expansão da pecuária em Mato Grosso e arredores.........85

Figura 15 – Estado de Mato Grosso – divisão política – 1970.........86

Figura 16 – Evolução do plantio de soja / MT (em milhões de hectares.........101

Figura 17 – Mato Grosso: área de plantio dos principais produtos agrícolas – 1991.........102

Figura 18 – "As produções agrícolas", segundo o *Anuário Estatístico do Estado de Mato Grosso* – 1985 e 1987/1988).........103

Figura 19 – "Evolução do rebanho" segundo o *Anuário Estatístico do Estado de Mato Grosso* – 1985 e 1987/1988).........103

Figura 20 – O sudoeste de Mato Grosso.........106

Figura 21 – Pirâmide resultante de estudos fitossociológicos realizados no Vale do Guaporé – Fazenda Guapé – MT.........108

Figura 22 – Pirâmide resultante de estudos fitossociológicos realizados na Chapada dos Parecis – Fazenda Branca – MT.........109

Figura 23 – Caracterização da vegetação.........110

Figura 24 – Composição colorida 4-5-3 TM Landsat – Fazenda Guapé.........123

Figura 25 – Índice de Vegetação (NDVI) – Fazenda Guapé 124

Figura 26 – Composição colorida 4-5-3 TM Landsat – Fazenda Barreirão.........125

Figura 27 – Índice de Vegetação (NDVI) – Fazenda Barreirão.........126

Figura 28 – Composição colorida 4-5-3 TM Landsat – Gleba Mirassolzinho.........127

Figura 29 – Índice de Vegetação (NDVI) – Gleba Mirassolzinho.........128

Figura 30 – A inserção da Fazenda Branca na área de Reservas Indígenas.........130

Figura 31 – Composição colorida 4-5-3 TM Landsat (Fazenda Branca).........133

Figura 32 – Índice de Vegetação (NDVI) – Fazenda Branca 134

Figura 33 – Localização dos diferentes testes.........138

LISTA DE QUADROS

Quadro 1 – Características dos principais satélites 40

Quadro 2 – Fluxo populacional para o Centro-Oeste 72

Quadro 3 – Projetos de assentamentos e colonização do Estado de Mato Grosso....................................89

Quadro 4 – Colonizações dos anos 50 efetuadas pelo Estado de Mato Grosso, através de contratos de prestação de serviços com colonizadoras particulares 91

Quadro 5 – Mato Grosso: população urbana e rural.............92

Quadro 6 – As composições coloridas "positivas" 140

SOBRE O LIVRO

Coleção: Prismas
Formato: 14 x 21 cm
Mancha: 23 x 43 paicas
Tipografia: Classical Garamond 10/13
Papel: Offset 75 g/m² (miolo)
Cartão Supremo 250 g/m² (capa)
1ª edição: 1998

EQUIPE DE REALIZAÇÃO

Produção Gráfica
Edson Francisco dos Santos (Assistente)

Edição de Texto
Fábio Gonçalves (Assistente Editorial)
Armando Olivetti Ferreira (Preparação de Original)
Ana Paula Castellani e Nelson Luís Barbosa (Revisão)
Oitava Rima Prod. Editorial (Atualização Ortográfica)

Editoração Eletrônica
Oitava Rima Prod. Editorial

Impressão Digital e Acabamento
Luís Carlos Gomes
Erivaldo de Araújo Silva

Impressão e acabamento